万发村一条街

该村的粮库

沼气贮备罐

U0207969

该村的小学校

农户的太阳能采暖房

用太阳灶炒菜

农户用铁皮沼气罐

农户用太阳能热水器

2

农村集体太阳能浴室

用砖做模捣固
混凝土沼气池

农户用于照明
的沼气灯

3

该村的食堂

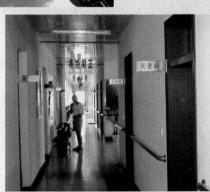

村办养老院

村办浴池

薪炭林

4

新农村建设致富典型示范丛书

农村能源开发富一乡
——吉林省扶余县新万发镇

主 编

聂 君　任晓远　聂魁巍

副主编

任少华　刘卫平

编著者

周岱晖　李明殊　吴宏秋

王金才　杨 华　张宝林

武秀丽　刘彦明　金 涛

常国辉　张晓燕　尹淑红

张凤杰　翟洪凯　王耿男

仲洪亮　王相春

金盾出版社

内 容 提 要

本书系新农村建设致富典型示范丛书之一。内容包括：综述，节能炕灶技术，沼气开发利用技术，太阳能的利用，薪炭林树种介绍等。书中介绍的事迹真实感人，内容实用科学，文字通俗易懂，可操作性强，可为立志于新农村建设的同志提供建设模式和经验，可供从事和关心农村能源工作的同志以及科研管理和科技推广人员阅读参考。

图书在版编目(CIP)数据

农村能源开发富一乡：吉林省扶余县新万发镇/聂君，任晓远，聂魁巍主编．—北京：金盾出版社，2009.3
（新农村建设致富典型示范丛书）
ISBN 978-7-5082-5453-1

Ⅰ．农…　Ⅱ．①聂…②任…③聂…　Ⅲ．农村—能源—利用—扶余县　Ⅳ．S210.7

中国版本图书馆 CIP 数据核字(2008)第 192247 号

金盾出版社出版、总发行

北京太平路 5 号(地铁万寿路站往南)
邮政编码：100036　电话：68214039　83219215
传真：68276683　网址：www.jdcbs.cn
封面印刷：北京 2207 工厂
彩页正文印刷：北京百花彩印有限公司
装订：北京百花彩印有限公司
各地新华书店经销

开本：787×1092 1/32　印张：5.375　彩页：4　字数：118 千字
2009 年 3 月第 1 版第 1 次印刷
印数：1～8 000 册　定价：11.00 元

(凡购买金盾出版社的图书，如有缺页、
倒页、脱页者，本社发行部负责调换)

前　　言

　　能源是促进和制约我国经济发展的重要因素,能源是建设和谐社会的最关键的动力之一。建设新农村,能源问题已经成为农村经济和社会进一步发展的制约因素,同时也带来了因农村能源短缺而使自然资源遭到破坏的生态环境问题。为了推动我国能源事业的发展,我们积极收集整理了吉林省扶余县新万发镇多年来从事农村能源建设的经验,总结了这个抓农村能源建设,促农村经济发展、环境建设优美,社会效益明显的典型予以宣传普及,组织编写了《农村能源开发富一乡》一书。

　　本书收集了吉林省扶余县新万发镇新农村建设的好带头人赵志昌如何带领一班人和广大农民艰苦奋斗,狠抓农村能源建设,兴建沼气池,开发太阳能,建太阳能采暖房,安装太阳能热水器,营造薪炭林,促进农村经济发展。把一个贫穷落后的穷村屯,建设成了远近闻名的新农村。通过推介新农村的建设历程,节能、生物能,太阳能、薪炭林开发兴建技术,为节能和开发利用可再生能源作出一份贡献。

　　本书可为立志于新农村建设的同志提供建设模式和经验,可供从事和关心农村能源工作的同志,科研管理和科技推广人员阅读参考。

　　本书在编写过程中得到了吉林省科学技术协会,吉林省、市农业技术协会专家,农业、林业方面的有关专家大力支持,他们提供了许多宝贵资料,在此一并致谢。书中引用了国内有关能源书刊的资料和数据,未能一一加注,这里统一说明,并向作者表示感谢。

　　由于编著时间仓促，加上笔者水平有限，书中难免有错误和不足之处，恳请广大读者和同行专家批评指正。

聂　君

2008 年 8 月于白城

通讯地址：吉林省白城市文化东路 1 号农业广播电视学校

电话/传真：(电话 0436—3232967)

目　录

一、新农村建设的好带头人——赵志昌

从吉林省松原市向扶余县方向行驶到 60 千米处,你会看到一个砖瓦房成排、院落整齐、办公楼耸立,水泥公路笔直平坦,公路旁树木成行、路灯高挂的村落,这就是新万发镇。好一幅新农村画卷。创建这个小康村庄的就是赵志昌和他带领的村党支部和村委会。

赵志昌与伟大祖国同龄,他大眼睛,身板壮,念过中专,能说会写,庄稼院活计件件拿得起放得下,从 18 岁起一直在村里当干部。

好一个赵志昌!他领着被人嘲作"边角废料"的 3 个屯的乡亲,亮亮堂堂上演了一出改天换地的人生大戏,用勤劳的汗水浇灌了新农村这片土地,实现了蛤蟆塘的变迁,把一个人见人厌的糠窝窝改造成了谁见谁爱的金窝窝。

(一)

1980 年,当时的万发乡有 3 个大队,每个队里分别有一个自然屯,不但是当时乡里最穷的,也是乡里治安最乱的地方,是最让乡里领导们头痛的地方。县里各单位常年包保也收效甚微。针对这一情况,乡里多次开会研究对策,希望能找出一个治理这 3 个屯子的办法,经过多次协商,乡里最后决定把这 3 个最差的自然屯,成立 1 个村,对其进行单独管理,而接管这个村的重任便落在了年轻的赵志昌身上。

说干就干,他是个不被困难吓到的人,面对这么个烂摊子,当即决定,先抓班子建设,建立严格的制度,实行村级工作制度化、规范化,重点完善村务公开制度及民主议事制度,树立班子威信。他把党员干部的心聚拢了以后,便把工作重点转移到经济建设上来,于是他带领全村党员干部和村民开始了艰苦的创业。

五六百公顷地,横跨省道松扶公路,南一半,北一半,没有正经地。路南跑风沙,路北盐碱洼。春播时节正是风沙大作季节,看那路南,刮风就毁地,种子沾风就跑,风沙一叫劲,能把垄沟填平了。有一年,连刮三天三夜大风,公社刘书记下来检查灾情,就是横垄沟骑车抄近过来的。毁了再种,种了又毁,种子都搭不起,组成"新农村"的3个屯,王正窝棚和前后高柴窝棚,有一年种过五回地;路北倒是风小,但是晴天好看,迎着日头影,地里边一闪一闪的,全是白花花的盐碱硝,不长庄稼,专长狼尾巴草、麻皮子、车前子和野菊花;盐碱地喜水又不耐水,大雨大涝,小雨小涝,没雨就旱个赤地千里,出门无所见,白沙蔽平原。这地界儿,树芽都不长,大热天铲地,赤日炎炎似火烧,歇气找不着凉快地,几把锄杠支起来,几件烂布衫子挂上,几个脑袋往里一钻,顾头顾不了腚:

赵志昌更发愁的是,全村没有一个中学生,小孩子不愿上学,上了学也不好好念书,成天就知道疯跑,跟大人学掷骰子看小牌赢豆粒,学装神弄鬼。女人们头不梳,脸不洗,土道上一偎,比坐自个家火炕还舒坦,张家长,李家短,3只蛤蟆6只眼。扯着扯着,哪句话不顺说吵就吵起来了,你有来言我有去语,什么话脏骂什么话,长篇大套,没完没了,全打持久战。太阳落西,闹个平手,鸣金收兵各自还家,没事人似的,做饭、吃饭,睡觉,第二天爬起来,摆开阵势继续开骂,一个个脸上放光,比过节还兴奋。在穷而无正确思想引导的地方,打架骂人似乎也成了一种文化。

坏名声带来的最严重后果是娶媳妇难。赵志昌就任"新农村"书记那年,全村800多口人,竟有36个老"跑腿子"(光棍)。要是有个媒婆进村,那就成了全体的大事,村干部和左邻右舍、老亲少友都会紧张起来,你帮三块,他凑五毛,朝人家腰里塞。虽说媒人一张嘴,说得两家话,可人家来村里走一趟,看这道不像道,房不像房,3个屯子找不着一块砖头,走半天看不见一棵树,人家姑娘能来吗,就是有愿意来的,用当地人话说,多半是"残次品"也当好宝贝,剜到筐里就是菜呀。

就这地方,重打鼓另开张了,怕也没个好。

3个屯的百姓没信心,有点门路的都搬走了,王正窝棚只剩下10多户人家。赵志昌心里也不落实,他是一村之首了,连个办公室都没有,就在饲养棚老更倌的黑屋混。饲养棚里有分来的1匹黄骒马,都13岁牙口了,还不会下驹,将就养活吧,好歹算头牲口。

赵志昌眼前有3条路可走:干下去,混下去,躲开去。

(二)

想来想去,还得承认经济是基础,说一千,道一万,得叫地里打粮,吃饱了肚子才能想别的。

叫地打粮,就是南治沙,北治洼。

治沙,其实是治风。没别的招,只有栽树。先开支部大会,后开群众大会,赵志昌做动员,他讲了,我们不能做自然的奴隶,我们要做命运的主人。

3月成立的新村,4月就动手在南边地界栽树。没钱买苗子,到有树地方央告人家,掰来不少柳枝子、杏条子,大犁划沟压枝,四五里长的地界全压上了。人有志气天也助,没等浇水,就来场透雨,远远望去,一排新绿,老农拄棍来看,说这是老天爷叫赵书记露脸呢。话音刚落,就见南边天上起了黄,老农遥指说不好,说时迟,那时快,凉丝丝的,大风已经劈头盖脸打过来,一顿饭工夫,辛辛苦苦栽下的苗子连根拔全卷到爪哇国去了。

这是天难为人不是人难为天,叹口气,第二年春天接着干。这回不用小苗了,说小苗不禁风,这回凑钱买大苗移栽,讲好了,往后树成材,卖了还钱。3角钱买一棵,买3万棵,花去9千块。大风年年有,今年风更邪,大苗果然抗风,头场风没在乎,二场风刮一栽楞,第三场风说啥顶不住了,像有人挨排薅似地,薅完扬一地,谁见了不心疼。

赵志昌比别人更窝囊,好几宿没睡着觉,就是瞪着天棚上黑秫秸发呆,想这么穷的地方,9千块是群众支持自己和支部的一片心啊!他的眼泪流了下来,不过是偷着流的只有媳妇知道。

眼泪流完了,心里一敞亮,办法就有了。只恨自己蠢,老农说得对,风有风道,你要让树挡风,先得给树挡风,他想起了万里长城。万里长城翻译成外国话叫"中国的大墙",那是为了保护中原地区免受北方民族袭扰的。他也要修一道墙,保护他的树苗免受南方风沙袭扰。

不屈服的"新农村"人啊,两战皆败之后立刻酝酿了第三战。"新农村"建村第三年,一场声势浩大、惊天动地的征服自然之战打响了。这回先不忙栽树,这回的口号是"要吃粮,先打墙"。村里强壮男女全动员起来了,8个人一组,分段包干,赵志昌和其他村干部也和群众一样担任务,任务不完成,死也不准撤。北方四月,地没化透,赤脚踩到湿土上,钻心凉,那也得咬牙挖,狠劲踩,拼命踩,我们的两只脚就是打夯机,沙土夯得实,大墙才立得稳,累也不顾,苦也不顾,他们一边干一边想,当年中原人可能就是这么修万里长城的。

不到10天工夫,两千多米地段上,一道高2米、底宽1米、顶宽0.4米的大土墙就垒起来了,远远看去,也曲曲弯弯,就像盘在地上的一条龙。

这才在墙里栽树苗。这回一举成功,当年的大风沙儿落儿起,苗木成活率却达到百分之百。几年后,大墙慢慢颓圮时,小树已经窜过墙头,长得腰粗胳膊壮,不怕风沙了。

这以后他们又乘胜前进,把所有耕地规划成7大块,他们管那叫"网眼",横平竖直,横竖都栽树,一栽就栽了100多万棵,耕地都被圈在中间,都不怕风了。叫树围地转,地围路转,路围沟转。

沟就是排水沟,是治水用的。他们利用每年春播、下锄、秋收之后、上冻以前所谓"三后一前"农闲时光,历时5年,挖出近10万米长的大小沟渠,形成了一套完整的排涝体系,确保本地无论发多大水,不兴成灾的。1994年上游青年水库大水溃堤,本地水深40厘米,大水像天河倒挂似的白亮亮一片从南往北推,眼看着一场大灾不可避免了。然而雨过天晴龙兵退,路是路,田是田,沟是沟,满地庄稼照样支支愣愣。

风治住了,涝治住了,赵志昌又盯上了盐碱硝。谁都知道盐碱地不打粮,也都知道老辈子有个沙压法,"沙压碱,赛金板",但因为劳动量太大,都虎头蛇尾了。赵志昌提出就用这个法治。此议一出,立刻招来一片嗡嗡声。说罢了罢了,书记要活活累死人不偿命!按照赵志昌的计划,迫切需要换土的地块少说有60公顷,每公顷少说要用300车"客土",就是说,他们要跑出好几里地,拉来18 000车土,那等于搬来几座山,没人相信这是办得到的事。说书记要能变几台大卡车我们就举双手拥护，要是变不出来，眼下咱只有几挂破马车。别说18 000车，就是180车都干不了，"新农村"压沙治碱肯定要干，就留给后辈人干吧。

一家十五口，七嘴八舌头。但是架不住书记决心大，书记决心大领导班子决心就大，领导决心大，就能把群众带动起来。书记和支部下决心的时候，好多不敢为的事就敢为了，没用变大卡车，他们仍是用自己血脉贲张的大手和不知疲倦的脚，一年又一年，小燕垒窝一样，为他们的新生活拉进来18 000车土。他们拉的哪是土，那是一车车的粮食，也不是粮食，是一车车的金颗子银粒子，更比金颗银粒贵重千百倍的，是人的刚强精神和自信。昔日大苞米长不过狼尾巴草的盐碱洼，一下子变成稳产高产肥田沃土，自个儿看着都做梦。

"新农村"被评为本地区首批"小康村"，主要依据之一就是这里粮产由1980年的33.5万千克提高到1996年的297.5万千克，人均收入由57元提高到3 000多元。

赵志昌带领"新农村"人改天换地，正是与对人的精神素质改造一块进行的。赵志昌当书记是上级指派的不假，但他不是"救世主"那样的干部，他在这里土生土长，自己就是农民，最了解农民。农民有什么特点？他们勤劳、朴素、吃苦耐劳，好品质说不完；但是农民也有弱点。最叫人看不上的是散漫，1个人散漫没啥，3个人都散漫那就没法形成战斗力。"新农村"刚建立时还是人民公社体制，几年后联产承包户为生产单位了，问题更突出。人要吃饭，地要打粮，改造自然的任务太艰巨，单门独户绝对成不了气候。他们必须组织起来，像国歌唱得那样，"我们万众一心"，抱团干才行。

赵志昌首先抓的就是这个。主要方法没别的，就是开会。

村民大会、青年会、妇女会、老人会，有空就开，宣讲、读报、念材料、传达上级精神、介绍别的地方农村改革开放以来的变化。开会仍是目前中国农村组织群众、宣传群众的好形式。

还通过办学习班转变思想。文化补习班、农业技术班、养殖知识班、法制教育班，班班认真办，收效相当大。比方说，本地人喜欢打架斗殴，还有所谓"八大老爷子"横行乡里，赵志昌就任书记前一年，就有三位"大爷"触犯刑律，被捕判刑。"新农村"成立十几年来，却连一个刑事拘留的都没了，成为本地区第一个文明村。

在开会、办班的基础上，他们还把教育办到每户人家去，主要是制订乡规民约，把卫生、赌博、迷信、小偷小摸、赡养老人、子女教育、计划生育、邻里关系，一条一条都订上了。乡规民约是村民大会讨论举手通过的，印成一张纸，家家贴墙上，人人都得遵守，谁犯了处理谁，好比下象棋，逢车就撵，见马就蹦，碰上老将老帅也敢将他一军。"新农村"人都记得赵书记罚他丈母娘的事。丈母娘她老人家爱看个小牌，村里好赌的拿她当挡箭牌，说有她赌的就有咱赌的，空手的不怕拿套子的。赵志昌就让人去逮他岳母，结果真给逮住了，问书记处不处理，书记恼了，说不处理让你们逮，小孩子过家家呀？这一处理不要紧，丈母娘就宣布与姑爷"断亲"，说我姑爷没姓赵的。二月二龙抬头那天的事，直到开春种地了，丈母娘家活计忙，赵志昌笑嘻嘻去帮工，老太太脸上才有笑影。

"新农村"的环境建设也有特色。现在来这里参观的人不断流，人们看到树成荫，果满林，大院敞亮，小院干净，整个村子像一幅画，都吧嗒嘴说城里也这样就好了。岂不知乡下人也羡慕城里人呢。就是为了缩小城乡生活环境差别，赵志昌才在发展生产的基础上，搞得街道和住房整体规划。经过多年努力,现在他们敢和城里比一比了。"新农村"人掰着手指头抒发得意心情:城里树多,我们树更多;城里铺柏油路,我们铺油渣路;城里安路灯,我们路灯也挺亮;城里人住大楼,我们住砖房,我的砖房比你阔气,我房间多,面积大,我还有前后院,还有仓房放破烂,你没有;城里有花园,我们有果园,户均110棵果树,果树开花十里香,果熟满天红;城里人烧液化气,我们烧沼气,赵书记说我们烧沼气是废物利用,保护了环境;还有一条,城里啥时候都比不了,我们空气新鲜,白天看天,天比城里的蓝,晚上看星星月亮,星星比城里的多,月亮比城里的大。说得来参观的城里人都服。

这样的好环境得有好的卫生状况才相称。王正窝棚和前后高柴窝棚里有的女人埋汰惯了,好房住不出好样子。村里的卫生检查组有招,人人带着笤帚、扫帚和抹布,看那家不合格,也不批评也不教育,猫下腰就给扫院子、擦锅台、归拢柴禾垛,还撵着苍蝇打,说这苍蝇跑别人家传染肠炎了不得,一定要整治得利利索索才走人。村里人见有这景,都嘻嘻哈哈地去看,指指点点,女人受不了,红头胀脸的,抢下笤帚顾不了簸箕,直叫"大兄弟,老妹子,别砢碜嫂子啦,嫂子知错必改行不行?"经过这么一教育,这一家的女人往后保险能得个卫生模范奖状。

村里卫生状况大改善,改善的不仅是卫生,还有种种社会风气。从前这儿婆媳不和时有所见,现在年年为评"好婆婆""好媳妇"犯愁,比来比去都够,拿不准评谁好;从前有不赡养老人的,现在村上年年开敬老会,儿女们不由不跟着学;从前女人生孩子像葡萄一串一串的,现在都10年了,全村没一户超生,不少人家给二胎指标都不要。

要想抓教育,必须要建学校。20多年来,他们盖了4次小学校舍,第一次,他东筹西借,硬是靠个人感情,争取来檩子,为村里盖上了一所小学,当时只是土平房,可是不到3年时间,因为土地返潮厉害,被教育局定为危房,限期重建。为了孩子,1984年,当时并不富裕的村子集资硬是盖起了1个15间青房(前面一层是砖贴面,另三面全是土面),后来条件好了,他便又盖了39间砖瓦结构的房子,如今的校舍又变成了采光房。条件越来越好,孩子们的学习热情也越来越高涨了。

为了鼓励孩子上进,他采取各种激励政策,村民谁家孩子考上了重点学校,无论是大学,还是高中,村子里都要发奖学金,带红花,农户每输送1名大学生,奖励500元,中专生300元,高中生奖励150元。对考取的学生及家庭除发奖金外,还在全村村民大会上表彰,榜样的力量是无穷的,这样一来,极大地调动了孩子们的学习热情。全村形成了重视教育的浓厚氛围,孩子们比着学,你争我赶蔚然成风。现在全村有大学生38名,中专生40多名,考上重点高中的则更多了。本科生、硕士生、博士生,在小村不断出现。

孩子的教育成形了,成年人的教育也是他所关心的,每年他都利用正月十五以后的空闲时间,带动村民学习科技文化知识,请不来老师,就自己讲。村委会办公室和会议室都成了农民学习农技知识的大课堂,村里男女老少挤满一屋子,他一讲就是几个小时。他的讲解理论联系实际,条理清晰、重点突出,实用性强,并且通俗易懂,妙趣横生,农民听得非常过瘾。他不但讲农业技术课,还讲一些法律常识,解答农民的疑问。

在生产销售上,赵志昌注重培养农村经纪人队伍,他号召村民走"公司+农户"的产业化道路,组织成立农民协会,建立信息咨询处,有效解决了农产品销售难的问题。每年都召开

1 次养老座谈会,帮助解决生产生活中的实际困难。

新农村生产发展了,富裕的农民开始追求更充实的现代人生活,他在抓经济建设的同时,狠抓精神文明建设。他建议投资 10 万元,在村里建了一处群众图书室,现有藏书 11 000 册,还组建了秧歌队、舞蹈队、体育队、文娱队等 10 多支业余队伍。每年都进行家庭评比活动,评选七星级文明户 131 户,占全村人口 50% 以上。通过这些做法,形成了健康文明、积极向上、赶超先进的"小气候区";完全实现了新型合作医疗;户户安装了程控电话,普及了移动电话及闭路电视,有 1/3 农户用上了电脑。生活富裕了,乡风更加文明了,在村子里你看不到一个散养的牲畜,也见不到一处垃圾、粪便,冬季里下雪天,无论是村民的院子里还是村路上,都打扫得干干净净。有了好的带头人,管理民主化,全村 20 多年来未发生过各类治安和刑事案件,更没有村民上访事件。

以赵志昌为首的"新农村"领导集体,是个非常有战斗力的班子,这是"新农村"建设取得一连串成功的重要保证。

这是一个称职的班子。赵志昌说,领导农民要高于农民,不然的话,不能当干部。刚被任命为书记时,上级答应赵志昌自己搭班子,他就请薄儒顺当村长,老薄说我没文化,老赵说你农活好,你还有实干精神。薄儒顺果然成了赵志昌的重要助手,为村里发展立了大功。另外几位干部,如副村长兼治保主任靳国华、妇女主任靳风琴、民兵连长郑学春、会计孔祥达,都是有能力有威信的实干家。孔祥达是孔老夫子后代,在本地是传奇人物,都说他不用看账簿,谁想打听哪年哪月哪笔账咋回事,他张口就来,不兴差一丁点的。

这是一个不懒的班子。岂止不懒,他们最能自己找活干,改校舍当力工是他们,建企业盖房子搬砖弄瓦是他们,盖村部办公室运土垫坑、挑水和泥是他们,帮贫困户种地、修房、起猪圈是他们。总之,凡是有关本村集体的一切活计,这里的规矩都是:干部干,群众不干;干部必须干,群众自愿干。有人给算过,他们每人每年出的这种"干部义务工"少说有四五十天,都是义务劳动。薄村长五十多岁了,也得干,靳主任是女同志,也不年轻了,一招呼也颠颠来。有人问靳凤琴,这么干不累么? 她笑说,习惯了。在这里当干部必须"习惯"这样事。

这是一个廉洁的班子。村里哪个人都能告诉你,尽管"新农村"鸟枪换炮了,他们的干部还是没一个人用公款进饭店。更不用说在小卖部赊烟赊酒了。万发乡每年办党训班,乡所在地热闹非凡,大小饭馆有的是,他们从来都自己带米带菜,就近到学校伙食点央人借灶自己烧火做饭。

这样一个又有本事又不懒、不馋、不贪只顾为民造福的班子,就是"新农村"之所以真的成了新农村的奥秘所在。转眼20多年过去,如今,"新农村"地界里,田已成方,树早成林,人尽安乐,但赵志昌心里仍像20多年前刚当书记那阵一样不落实。远看江苏华西,近看四平红嘴,他说自己差远了。从前的糠窝窝变成银窝窝了,它还没变成金窝窝呢。那个"金"不光是财富,还是现代化——物质生产现代化和人的现代化。他要带领乡亲奔向这个大目标。

如今的新农村全村面积36平方千米,有耕地585公顷,林地面积95公顷,森林覆盖率为16%,有农业户260户,总人口1400人,有560个劳动力,全村辖4个自然屯,占地面积45公顷。全村基础设施建设较完备,搞了村屯统一规划、街路、住宅、公共场所布局合理、全村电网改造完成。全村有固定电话260部,移动电话300部,有线电视240户。全村有农业机械285台套,88台机动车全年跑运输,机电井7眼,农田小井34眼,修了街心花坛,栽植了花草,有村级卫生所,农户全部参加农村新型合作医疗。全村村容村貌环境卫生条件良好。村里修了9.1千米的水泥街路,建了6 000平方米的文化体育广场,建了21间766平方米的村级养老院,扩建了36间900平方米的小学校,建了文化活动室,建了30万平方米的牧业小区,建了1 360平方米的社区服务中心,全村户户用上节柴灶,大部分农户用上了沼气。

全村经济以农业为主,随着改革开放的不断深入,第二、第三产业日益兴起。现有村办企业8家,个体企业60户。村办企业以屠宰冷冻、木材加工和粮食收购为主,个体企业以农副产品收购为主。企业的兴起,带动了全村养殖业、林业和种植业的快速发展。村民也不断地富裕起来。2007年全村工农业总产值达1 000万元。农业总产值500多万元,工业总产值400多万元,全村粮食产量达3 500余吨,农民人均纯收入8 000元,村集体积累达220万元。

新农村名副其实了,而这个村的领路人赵志昌却已年过半百,鬓发斑斑,他把一生中最美好的年华都献给了新农村,党和政府并没有忘记他,给了他很高的荣誉。20多年来,他的奖状、奖章可以说不计其数,连续多年被省、市、县评为特等劳动模范。2000年被国务院授予全国劳动模范、全国精神文明建设标兵。温家宝总理、回良玉副总理都来新农村视察过、历届省委书记也都来新农村视察,特别值得一提的是,2007年温总理来松原视察时,还特别提起了新农村,还特邀新农村代表去座谈。面对这些荣誉,赵志昌没有满足、没有骄傲,日复一日、年复一年……他还是带领他的村民继续建设着。

新万发镇的新农村正在蓬勃发展,蒸蒸日上,如今,社会主义新农村建设又唤来了强劲东风,作为省级试点村的领路人,赵志昌又有了新的打算,他深深明白,这是一项造福于民的百年大计,任重而道远,他决心紧紧依靠各级领导,充分发挥农民主体作用,振奋精神,鼓足勇气,带领全村干部群众,在社会主义新农村建设的大舞台上,再创辉煌。

二、综　述

能源是和谐社会最关键的动力之一。

2006 年 8 月 31 日,国务院出台了加强节能工作的决定。决定指出:能源问题已经成为制约我国经济和社会发展的重要因素,要从战略和全局的高度,充分认识做好能源工作的重要性,高度重视能源安全,实现能源可持续发展。决定指出,解决我国能源问题,根本出路在坚持开发与节约并举,节约优先的方针,大力推进节能降耗,提高能源利用效率。

建设节约型社会,就是要以尽可能少的资源消耗和尽可能小的环境代价,取得最大的经济产出和最少的废物排放,实现经济、环境和社会效益相统一。

在能源短缺的地区,科学合理开发能源、利用能源,降低能源消耗,转变增长方式,是今后一段时期经济工作的重中之重。

中国虽然幅员辽阔,但从自然禀赋上并不是一个资源富有的国家,在能源领域中也是如此。由于科技水平和经济实力等原因,中国在能源方面过度依赖化学燃料,在资源的可持续供应上存在很大压力。中国人均能源可开采储量远低于世界平均水平,2000 年人均石油开采储量只有 2.6 吨,人均天然气可开采储量只有 1 074 立方米,人均煤炭可采储量 90 吨,分别为世界平均值的 11.1%,4.3% 和 55.4%。我国石油产量不可能大幅度增长,2020 年预计为 1.8 亿～2 亿吨,然后将逐渐下降。我国煤炭资源虽然比较丰富,但已经探明的还不多。2000 年可供建设新矿的尚未利用的经济精查储量仅

203 亿吨,远远满足不了近期煤矿建设的需要。尚未利用的经济精查储量中 88% 分布在干旱缺水、远离消费中心的中西部地区,开发、运输和利用的难度大。

2008 年 4 月 1 日起开始实行的《中华人民共和国节约能源法》提出:"县级以上各级人民政府应当按照因地制宜,多能互补,综合利用,讲求效益的原则,加强农业和农村节能工作"。"国家鼓励、支持在农村大力发展沼气,推广生物质能、太阳能和风能等可再生能源利用技术,按照科学规划,有序开发的原则发展小型水利发电,推广节能型的农村住宅和炉灶等,鼓励利用非耕地种植能源植物,大力发展薪炭林等能源林"。

吉林省的农村能源开发前景广阔。据统计,2004 年全省农村能源可再生能源量为 4 845 万吨,折标准煤 2 296 万吨。

建设新农村,能源问题已经成为农村经济和社会进一步发展的制约因素,同时也带来了因农村能源短缺而使自然资源遭到破坏的生态环境问题。发展农村沼气,改节柴灶,利用太阳能、风能和发展薪炭林,将从根本上破解这一难题。

吉林省扶余县新万发镇全乡总面积 256.2 平方千米,有耕地 13 212 公顷,林地 2 240 公顷。全镇有 21 个村,76 个自然屯,84 个农业生产合作社,全镇总户数 8 462 户,总人口 35 754 人。在新农村的带动下全镇全部改成了省柴灶。现安装太阳能热水器 1 800 平方米,建沼气池,安装沼气罐 260 个,大力营造薪炭林,促进了农村经济的发展。2007 年粮食总产达 86 000 吨,工农业总产值 19 218 万元,农民人均收入 4 017 元。

三、节能炕灶技术

（一）炕灶的起源与发展

1. 炕的发展过程

发展过程以北方为例：①我们的祖先以垒土为洞，上边支撑着天然石板，可防止火星外溅，免得酿成火灾。②将烧饭的简单锅灶与火炕相连接。③发展成简单的炕体，并在炕的后端增设了烟囱。④在炕内增设了"落灰膛"、"闷灶"、"狗窝"，为贮热时间长又在炕内垫上一些炕洞土，成为现在的旧式炕。

2. 灶的发展过程

(1)原始灶　用3块石头顶个锅，这就是灶的雏形。

(2)旧灶　比原始灶进了一大步，用砖或土坯砌成一个框子，把锅坐在框子上，一侧开洞作为添柴口，另一侧设有出烟口和烟囱，这就是过去常使用的旧式老灶。

(3)改良灶　在旧灶的基础上加个炉箅子和通风道，其他方面和旧灶一样，与旧灶相比有很大的进步，但热效率仅在12%～14%。

(4)省柴灶　是在改良灶的基础上发展起来的，结构合理，节柴省时间，热效率在14%以上。

（二）旧式炕、灶的弊病

1. 旧式灶的弊病

（1）通风不合理 没有通风道，只靠添柴口通风，燃料不能充分燃烧。

（2）两高 即锅台高，吊火高。锅台高于炕或与炕齐平，锅脐与地面距离大，火焰不能充分接触锅底。"锅台高于炕，烟气往外呛；吊火距离高，柴草成堆烧"。

（3）三大 添柴口大，灶膛大，进烟口大。这"三大"使灶内火焰不集中，灶膛温度低。使部分热量从灶门和进烟口白白跑掉。

（4）四无 无炉箅，无灶门，无拦火舌（挡火圈），无灶眼插板。旧灶因无炉箅使灶内通风差，燃料不能充分燃烧；添柴口无灶门，大量冷空气进入灶内，降低灶内温度；无拦火舌（挡火圈），使灶内火焰燃烧的高温烟气在灶内停留时间短。旧灶无灶眼插板，灶眼烟道留小了没风天抽力小，不易起火压烟，烟排不出燎烟；灶眼烟道留大了有风天时抽力大，不易开锅做饭慢，灶内不保温，炕凉得快。没灶眼插板，就不能合理调整控制，所以旧灶费柴（煤）、费工、费时、热效率低。

2. 旧式炕的弊病

（1）一无 炕内冷墙部分无保温层。

（2）二不 一不平，二不严。炕面不平薄厚不均，阻力大影响分烟和排烟速度。

（3）三阴 炕头用砖堵式分烟，造成烟气在炕头集中停顿阻力大；炕洞用卧式死墙砌等，占面积大，炕面受热面积小，洞内又摆上一些迎火砖和迎风砖等，造成炕内排烟阻力；炕梢无烟气横向汇合道，而用过桥砖或坯搭成的炕面，造成排烟不畅，炕梢出烟阻力大。这三阻使炕不好烧，热得不均匀，两头温差大。

(4) **四深** 炕洞深、狗窝深、闷灶深、落灰膛深。这"四深"使炕内贮藏了大量的冷空气，当点火时，冷热气交换产生涡流，造成灶不好烧，并由冷空气吸去和带走很多热量。

总之，旧式炕灶由于这些弊病影响，造成费柴不好烧，炕不热，屋不暖。

（三）新式炕灶的好处

新式炕灶按照燃烧和产热的科学原理，合理地进行了设计。对炉灶的热平衡和经济运行进行优选，改革了灶（炉）膛、锅壁与灶膛之间相对距离、吊火高度、烟道和通风、炕内结构等设计，并在炕灶方面增设了保温措施，提高了余热利用效果，扩大了火炕的受热面和散热面。所以，新式炕灶省燃料，省时间，好烧、炕热、屋暖，使用方便，安全卫生。具体好处：①可以缓解当前农村生活燃料短缺、浪费严重的现状。②有利于秸秆还田，增加土壤有机质，提高粮食产量，促进农业生产良性循环。③可以增加畜禽饲料，促进畜牧业生产的发展。④有利于封山育林，增加森林覆盖率，防止水土流失。⑤节省劳力，提高农业生产的出勤率。⑥减少家庭开支，增加农民收入，改善了生活。⑦利国利民，为子孙后代造福。

(四)燃烧知识

1. 炉灶的热量分配

随每千克燃料入灶,其热量为 Q_{DW},其中被有效利用的热量 Q_1,除此之外都被损失掉了。损失的去向有六个方面:一是排烟带走的热量 Q_2;二是化学不完全燃烧的损失 Q_3;三是机械不完全燃烧的损失 Q_4;四是散热和渗漏损失 Q_5;五是锅体和灶体的蓄热量 Q_6;六是灰渣带走的热量 Q_7。

其平衡式是:

$$Q_{DW} = Q_1 + Q_2 + Q_3 + Q_4 + Q_5 + Q_6 + Q_7$$

如图 3-1:

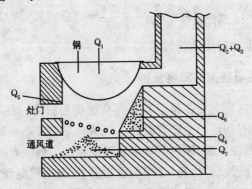

图 3-1　热平衡图

从热平衡图可以看出热量分配的去向。

2. 炉灶的热效率

所谓热效率就是送入炉灶的热量中有多少被有效利用

了,或者说有效利用的热量占送入热量的百分之多少。写成公式以符号 η 表示热效率。

则其公式为:

$$\eta = \frac{Q_1}{Q_{DW}} \times 100\%$$

式中:Q_1—— 有效利用的热量

Q_{DW}——送入的热量

炉灶热效率的测试就是根据这个原理进行的。

举例说明:烧开 5 升水,用 10 分钟,烧 0.75 千克柴,水初温 20℃升至 100℃,即升高 80℃,其有效热量 = 水重×比热值×升温值。即为 5×1×80 = 1 674.8 千焦/10 分钟,烧玉米秸其发热 Q_{DW} = 14 290.3 千焦/千克,故耗用热量为 0.75 千克×3412 = 10 718.7 千焦/10 分钟,故其热效率为:

$$\eta = \frac{\text{有效热量}}{\text{耗用热量}} = \frac{1676}{10725} = 15.63\%$$

注:水的定压比热值为 4.187 千焦/千克·℃

3. 各项损失的简要分析

灶的热损主要在排烟和不完全燃烧的损失,减少这些损失是研究省柴灶的主要着眼点。归纳起来主要影响是两个方面:一是燃烧方面,燃料要燃尽和温度要高。根据农户热负荷的要求"合理设计灶膛;合理配置炉箅子;合理控制添柴速度;合理的烟囱配置。燃烧愈完全,传热效果加强了,对提高炉灶效率是关键。二是传热方面,高温烟气如何及时地把热量传给锅的介质,这是提高效率的另一关键。简要说,加大温差,增加传热系数和时间是加强传热的主要因素。

4. 燃烧的条件

(1)燃烧　农村一般燃用柴草发热量在 12 561～16 712 千焦/千克,木柴高达 20 935 千焦/千克。实际日常燃用柴草往往达不到此值,因柴草发热量与其含水量有直接关系(表 3-1)。

表 3-1　柴草发热量与其含水量的关系

含水量 (%)	5	7	9	11	12	14	16	18	20	22
玉米秸	15444	15063	14682	14300	13651	13731	13349	12968	12587	12210
高粱秸	15767	15381	14992	14606	14414	14028	13643	13257	12872	12482
豆　秸	15746	15335	14971	14590	14393	14011	13626	13240	12855	12469
麦　秸	15461	15080	14703	14321	14175	13752	13374	12993	12616	12239
稻　草	14204	13852	13500	13148	12972	12620	12268	11916	11564	11212
谷　草	14816	14447	14083	13714	13534	13165	12800	12478	12071	11707
柳树枝	16345	15951	15541	15151	14954	14556	14154	13760	13362	12964
牛　粪	15402	14979	14606	14229	14037	13659	13282	12909	12448	12151
马尾松	18398	17958	17514	17074	16852	16408	15960	15516	15076	14631
桦　木	16995	16559	16148	15738	15528	15118	14707	14296	13890	13479
杨　木	14162	16274	15863	15461	15260	14858	14447	14879	13643	13232
棉花秸	15968	15574	15189	14795	14598	14212	13823	13433	13039	12654

注:表中数值为低热值;单位:千焦/千克

(2)空气　燃烧一定量的燃料,就需要一定量的空气,如空气不足燃料就会烧不尽。一般农家烧火时实际需要的空气量为 8～9.6 立方米/千克。燃料为 11.2～12.8 千克。

省柴灶并不是加强通风就能省柴的。应改善混合条件增加炉算有效通风面积,使空气混合良好,缩小灶膛容积提高灶膛温度,促使空气充分利用。

(3)温度 有燃料和空气,没有给一定的温度是不能燃烧的。因此,温度的高低直接影响反应的进行。温度高时化学反应速度很快,燃烧速度主要取决于供氧足并扩散;温度低时,化学反应速度较慢,燃烧速度取决于反应速度;温度适中时:反应速度和氧气扩散速度都对燃烧具有影响,何时提高温度何时加强通风,烧火操作很重要。

综上所述,要使燃料完全燃烧必须具备 4 个条件:①必须具有一定的温度。②供给适当的空气量。③促进空气的扩散和运动。④要有足够的燃烧时间。

5. 传 热

在炉灶中燃料燃烧放出的热量,要通过传热把它传给锅内物质,高温烟气通过时对流和辐射把热量传给锅的外壁,然后经过导热再把热量传给锅的内壁,此后再经过对流又把热量传给锅内的水。它包括导热、对流和辐射 3 种传热方式。一般传热过程也都是这三种方式的综合,不过有主次之分而已,在省柴灶中主要的还是导热和对流。

(1)导热 又称热传导。它是通过互相接触的物体本身,把热量从高温部分传送给低温部分的过程。锅壁中的传热和炉中的传热都是导热过程。导热系数:在单位时间(小时)内,单位面积(平方米)上,沿导热方向上单位厚度(米),温度差为 1℃时所能通过的热量(表 3-2)。

表 3-2　常用材料的导热系数 λ 值

材　料	λ 值	材　料	λ 值
铜	1257～1467	红　砖	2.93～3.35
铸　铁	167.6～209.5	土　坯	2.51
铝	754.2～838	混凝土板	2.51
烟　灰	0.21～0.42	水　垢	4.19～11.31

(2)对流　若利用流动的物质液体或汽体,把热量从这一物质传递给另一物质的过程,称对流放热。此时流体作为一种载体依靠其流动把热量带走。流体的运动可以是受热(或放热),流体的密度产生变化而引起的,这称为自然对流,也可以是强迫的。

(3)热辐射　是高温物体以电磁波的形式传递能量(热量)到低温物体,它并不依赖物体的接触,即使真空也能传递热量。

物体单位面积在单位时间内,对外辐射出的能量称为辐射力。灶膛中高温的火焰其辐射能量是很大的。提高灶膛温度可以成倍增长辐射的能量以加强换热。

(五)炉灶的基本参数

1. 热　量

过去,采用千卡作为热量单位。1 千卡热量标准是"在标准的大气压力下,将 1 千克纯水由 19.5℃升高到 20.5℃时所需要的热量,称为 1 千卡或 1000 卡"。现规定采用千焦(kJ)作为热量的单位。它们的换算关系是 1 千卡 = 4.187 千焦。

2. 温 度

表示物质的冷热程度。但温度高不一定含有热能多,因为这和物质的质量与比热有关,所以物质的温度并不表示它含有能量的多少。习惯都以摄氏度即"℃"代表温度的单位,℃和 K 每度大小一样,但数值上差"273"度,即 K = ℃ + 273。

3. 比 热

是物质的物理参数,若 1 千克物质使其温度升高(或降低)1℃,其所需的热量或放出的热量称为比热,又称热容。其单位一般写作 4.187 千焦/千克·℃。符号用 C 表示,水的比热为 4.187 千焦/千克·℃,也就是说:1 千克水温度升高1℃,需蓄存热量 4.187 千焦(表 3-3)。

表 3-3 常用材料比热 C 值

材料名称	C:千卡/千克·℃	材料名称	C:千卡/千克·℃
铝	0.22	混凝土	0.27
铜	0.09	橡 胶	0.33
铸 铁	0.13	水	0.54
钢	0.12	红 砖	0.2
玻 璃	0.16	土 坯	0.25

4. 压 力

大炉灶中空气或烟气的流动全靠压力差的存在才产生的。压力是单位面积上的作用力,它不是某一面积上的作用总力,所以它是物质受力强度的衡量指标。在工程计算中常采用每平方厘米上作用 1 千克力作为单位,即千克力/厘米^2(kgf/cm^2)它又称工程大气压,简称大气压。

压力也有用液柱高度来表示的,常用的液体是水和水银。它们之间的互相关系是:

1 标准大气压 = 760 毫米水银柱高 = 10 332 毫米水柱高

1 工程大气压 = 1 千克力/厘米^2 = 735.6 毫米水银柱 = 10 米水柱高。

现在表示方法是:

1 标准大气压(物理大气压)= 101 325 帕

1 工程大气压 = 98 066.5 帕

压力由于测量的基准不同,其概念也不同。我们常用的压力表都是测量其和大气压力的差值。故测量的起点是大气压力,这种压力称为"表压力",表压表现为正压力(大于大气压力),即称之为压力,若表现为负压力(低于大气压力),即称之为真空度。若以绝对真空作为起点来计量压力,则称为绝对压力,这样都表示为正压力了,没有负的概念了。炉灶烟囱中产生的抽力,也就是真空度,一般以毫米水银柱来衡量。测量时用"U"形管压力计就可以。

5. 比 热 容

单位质量的体积(容积)称为比热容。其表示方法为焦/千克·升。这在气体中是很重要的衡量物理参数,因为气体当其受热后,膨胀较多,也就是比热容增大,密度减小,其相对质量也就减少了,烟囱所以会产生抽力,就是依靠气体受热后较轻,而产生上升运动获得的。

6. 潜 热

当在加热过程中物质的相态不改变,也即原来是液体状态的保持液体状态,原来是固体的保持固体状态,那么随着加入的热量的多少,其温度也改变多少,所以这种热量称为"显热",也即这种热量的加入会改变温度的。但是,若在加热过程中,物质相态正在变,如冰融化成水,或水蒸发成水气,那么,此时物质的温度是不变的,所以,此时加入的热量,称为潜热。意思是热能没有显示在温度的表示上,而是潜藏在物质的内部了。例如在 1 大气压条件下,把 1 升 0℃ 的水烧开需热 418.7 千焦,而把 1 升水全部气化则需 2 260.9 千焦,而且在吸热过程中温度不变。

7. 流速和流量

在作省柴灶的定量分析时,测定空气和烟气的流速和流量是必要的手段。

(1)流速 单位时间内,液体或气体流动的距离。以米/秒或厘米/秒、米/分表示。

(2)流量 在单位时间内(小时、分、秒)流体通过管道或其他流道断面的数量,一般都以体积计,其单位表示为立方米/时或立方米/秒或升/分。

(六)新式炉灶的设计

1. 炉灶的大小和高度确定

炉灶整体的大小、高度要根据锅的大小、深浅和适应当地的生活习惯,使用方便而定。单灶的高低应考虑在锅台上操作舒适。炕连灶一般是七层锅台八层炕。即灶面比炕面低一层砖或一层坯,比炕面低为宜。灶的高度如高于炕面,则影响烟气流通。

灶台的高度主要是依锅的深度,加吊火高度,再加炉算底面到进风道的距离(地面以下通风道除外)而确定。

2. 进(通)风道的设计

我们把炉算以下的空间称进风道(有与灶门同向和异向之分)。它的作用是向灶膛内适量通风供氧助燃,并起到贮存灰渣和预热进入灶膛的空气作用。进风口的实际面积应为箅子空隙面积总和的 1.5 倍。其高度和宽度为锅直径的 1/4。水平深度与锅的箅子里端对齐。8~12 印锅,宽度 20~24 厘米,深 30~36 厘米,长 80 厘米或据锅大小灵活确定。

3. 炉算子的选用与安装

炉算是进风助燃的主要通道,它的间隙程度和有效面积直接影响到燃料是否充分燃烧。

烧稻草的为 300 毫米×240 毫米,间隙为 11~13 毫米。烧玉米秸和高粱秸的截面为 240 毫米×240 毫米,间隙为 10~11 毫米。烧枝柴的 200 毫米×200 毫米,间隙为 7~9 毫米。

炉算摆放有平放和斜放两种方法。斜放是里低外高,相差 30~50 毫米。

炉算位置为先将炉算中心同锅脐上下对齐后,再往锅灶进烟口相反方向错开锅脐 30~60 毫米(视烟囱抽力确定)。

4. 进烟口的尺寸与要求

根据烟囱的抽力、锅的大小、燃料品种及是否用吹风机来确定。一般为(120毫米×160毫米)～(120毫米×140毫米)或(100毫米×160毫米)～(100毫米×180毫米),使锅灶喉眼成扁宽形。为使烟气不直接入炕,须增设拦火舌或两侧设顺烟沟,使火焰和高温烟气扑向锅底后再通过灶喉眼入炕。进烟口要求采用导热系数小的保温材料做成。内壁要光滑、严密、无裂痕,呈喇叭口形。经验数据一般进烟口的宽度大于或等于灶门的宽度,高度约等于灶门宽度的1/2。

5. 添柴(添煤)口的确定

烧柴大锅灶的尺寸为(120毫米×160毫米)～(120毫米×200毫米)。烧煤大锅灶的尺寸为120毫米×150毫米。如果口留得过高会出现燎烟。口上缘应低于锅脐20～40毫米,应增设灶门,可使灶内保温,提高燃烧效果。

6. 灶内吊火高度的确定

吊火高度。吊火高度是指锅底中心(锅脐)与炉箅之间的距离。烧硬柴的吊火高度以18～22厘米为宜。烧软柴的吊火高度以15～20厘米为宜。

7. 大锅灶膛的套形要求

应用导热率低的保温材料套形。

(1)烧柴草的灶膛套形 对着灶喉眼处的锅肚与灶壁的距离为20～25毫米;灶喉眼两侧的左右锅肚与灶壁之间距离为30～40毫米;两侧要逐渐增大,直至灶喉眼相对的灶体墙位置。锅肚与灶壁的距离 40～50 毫米;要增大锅缘下的空间,使烟气上升到锅缘处后再入炕内。在使灶膛边缘能支撑住锅重情况下,尽量缩小锅与灶壁的接触面积,以扩大锅与烟气的接触面积。锅与灶壁接触面不超过 20 毫米为宜。

(2)烧煤灶膛套形　对着灶喉眼处的锅肚与灶壁距离为 15～20 毫米;两侧逐渐增大,使锅肚与灶壁距离为 20～30 毫米,直至灶喉眼相对的位置,使锅肚与灶壁距离为 30～40 毫米。这样,只有少量烟气能直接入炕,而大量烟气则先扑向锅底,再从两侧烟沟流入炕内。

8. 喉眼烟道应设铁插板

增设喉眼、烟道插板,可以对烟道入炕烟气所需断面大小,进行适当调节控制,以便在灶膛内充分利用烟火热量。铁插板的厚度 3～6 毫米,宽度应等于喉眼、烟道宽度。可用 1 毫米厚铁板做成插板箱,镶入烟道上面。

9. 锅台表面粉刷与处理

粉刷锅台表面,可防止气体和水分侵蚀砌体,又便于洗刷台面,保持洁净。锅台表面一般用水泥砂浆抹面。每立方米砂浆可按表 3-4 配制。锅台抹面前,应用笤帚把砖表面的浮灰扫净;如表面干燥,可洒水湿润,使砂浆与砖面黏结牢固(表 3-4)。

表 3-4　锅台表面砂浆配比　(单位:千克)

砂浆名称	水泥(400 号)	中　砂
100 号水泥砂浆	327	1690
50 号水泥砂浆	200	1700

（七）常用的几种节柴灶

1. 榆树 83-1 型灶

节柴炕的基本施工方法,见图 3-2。

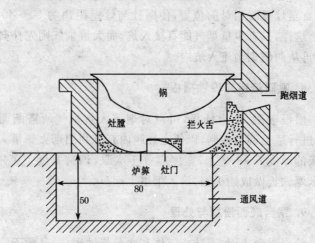

图 3-2　榆树 83-1 型灶　（单位:厘米）

(1)备料　红砖 80 块,中砂 0.3 立方米,水泥 15 千克或者土坯 40 块左右,炉箅子 1 个,黄土、水适量。

(2)搭法　按习惯搭法进行。但必须保持"一深、一补、三小"的原则。即通风道深,补拦火舌,跑烟道小,灶门小,灶膛小。

①一深　通风道深。挖长 80 厘米,宽 24～40 厘米,深 40～50 厘米的通风道。与灶门成垂直角度,形成异向通风。

②一补　在跑烟道处补拦火舌,拦火舌顶部与锅的距离

为 1～3 厘米。

③跑烟道小　跑烟道(喉咙眼)高 11 厘米,宽 15 厘米,呈喇叭口形,倾斜度为 30°。

④灶门小　灶门高 12 厘米,宽 16 厘米。灶门上缘低于锅脐 3 厘米。并将 1 块横砖打成 22°角平放在灶门上缘,向外倾斜。灶门墙为 12 厘米。

⑤灶膛小　灶膛可根据铁锅大小而定。燃烧室套成半圆形,燃烧室以上的灶膛部分套成垂直形。锅缘与灶壁接触不得超过 2 厘米。不要凸凹不平,防止椭圆套泥不均匀。吊火高度(炉箅与锅脐距离)为 15～17 厘米。

2. 节柴保温炕基本施工方法

(1)备料　按通常一间房炕长 3 米,宽 1.8 米,高 0.54 米计算。用红砖 120 块,水泥 10 千克,黄土、中砂、草木灰或细炉渣适量,土坯 180 块左右。

(2)砌炕墙　用红砖横平竖立砌成。距炕头墙 80～90 厘米处留闷灶口。高 18 厘米,宽 18 厘米。1 次弧形分烟:对准跑烟道(喉咙眼)的 24 厘米处(横烟道),立坯 3 块,呈 150°角为弧形分烟坯。

①两侧二、三次分烟　在弧形分烟坯两侧,各立坯 2 块,呈 150°角。其行距为 23～24 厘米,深为 18～20 厘米。以上 3 项构成了长 180 厘米,宽 90 厘米,深 34 厘米的落灰膛。

②立坯炕洞　炕洞用侧立坯往炕梢顺延。横洞为 10～15 厘米(清灰洞)。顺洞之间距不小于 11～12 厘米,构成 6～8 个洞。

③尾部分烟　炕梢尾部距离炕墙 24 厘米处留作横烟道。出烟口一侧 4～6 个洞每隔 1 个洞放"丁"字形垄烟坯。

④三角回风洞　距烟囱根部5厘米处,向炕内部伸向长50厘米、宽12~15厘米、深10~12厘米长的空洞。尾部呈三角形,空洞上部用砖铺平与炕填土位置保持平面。

⑤出烟口　高12厘米,宽16~18厘米,倾斜角为30°。烟囱内径18厘米×18厘米。

⑥摆炕面坯　炕面坯的摆法,一般炕头顺放,中间横放,炕梢顺放为宜。坯要放平稳牢固,放炕面坯前在炕洞内撒一层2厘米厚干土或草木灰。使炕梢比炕头高2~3厘米。

3. 节柴灶(连炕)的主要构成与性能特点

(1)异向通风道　在炉算下挖1个长40~50厘米,宽20~30厘米,深20厘米的通风道进行异向通风。具有通风力强,火力集中,燃烧充分,传热快的特点。

(2)拦火舌　位于跑烟道处,呈三角形。其作用是有效利用热能。

(3)燃烧膛　灶膛要小而适宜,使燃料集中燃烧,火苗燎到锅底,热量均匀分布。

4. 弧形节柴灶

弧形节柴灶因灶内砌有弧形挡烟墙而得名。由于灶膛内正对进烟口的弧形挡烟墙距锅底只有10~15毫米,并向两边逐渐增大,只有少量的烟火可从这空间进入炕内,大量的烟火扑向锅底后,顺着锅形再从两侧进入炕内。这样,使大锅底面受热面积大,开锅快,节省燃料。

这种灶的炉算子放法,是从大锅底面的锅脐为中心点,炉算中心对准锅脐,再向烟进口相反方向错开锅脐30~60毫米即可。其搭法、尺寸和结构见图3-3,图3-4。

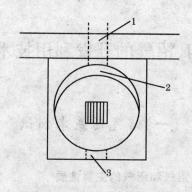

图 3-3 弧形节柴灶平面图

1. 进烟口　2. 月牙形挡烟墙　3. 添柴口

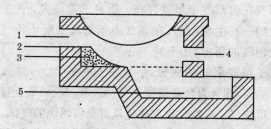

图 3-4 弧形节柴灶纵剖面图

1. 进烟口　2. 月牙形挡烟墙最高点　3. 月牙形挡烟墙

4. 添柴口　5. 地下通风道

四、沼气的开发利用技术

（一）沼气的基本知识

1. 什么是沼气和沼气的主要性质

沼气是由各种有机物，在厌氧环境中，经多种微生物分解，产生的一种能燃烧的，以甲烷为主要成分的混合气体。

沼气在自然界中早就存在。据科学家研究，甲烷菌是 34 亿年前的一种生物，有人在 300 多年前就发现了沼气。但人工制取沼气的历史，还不到 100 年。

人工制取沼气的成分，甲烷占 60%～70%，二氧化碳占 25%～35%，其余为含量较少的氧、氮、氨、氢、一氧化碳和硫化氢等。甲烷、氢、一氧化碳和硫化氢都是可燃烧的气体。

甲烷无色、无味、无毒，比空气轻一半，是一种优质燃料，完全燃烧时，呈蓝色火焰，1 立方米可放出 9 460 焦耳的热量，燃烧最高温度可达 1 400℃。沼气有大蒜味，是硫化氢的味道，硫化氢有毒。沼气完全燃烧时，1 立方米可放出 5 500～6 500 焦耳的热量，能使 75 升 20℃ 的水温度上升至 100℃，可够五口之家 1 天做 3 顿饭，可使一盏沼气灯照明 6～7 小时。

2. 开发新能源

太阳照耀着万物生长。农业生产实质上是转化太阳能的生产。科学试验表明，农作物通过光合作用转化的能量，

1/3～1/2 贮存在籽实里,其余 1/2～2/3 贮藏在茎叶里。著名科学家钱学森认为,500 千克粮食的茎叶贮存的化学能,相当于半吨煤。但人吃食物,大约只能转化食物中贮存能量的一半,另外一半随粪便排出体外。粪发酵的时候,粪堆温度能上升至 60℃～70℃,就是因为粪便中有潜在的热能。1 吨沤肥大约能释放 35 万焦耳热量。这些热量差不多够五口之家做 2 个月饭。但在通常情况下,这些热量都白白散失了。秸秆直接燃烧,一般仅能利用秸秆贮存能量的 1/10 左右,其余的 9/10 也都散逸到空气中了。从图 4-1 人利用作物贮存的能量流向示意图中可以看到,一定面积上的粮食作物,如果产的粮食全部人吃,产的秸秆全部烧火,那么大约只利用了光合作用转化太阳能的 26%。

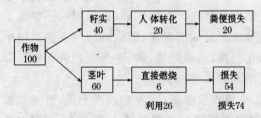

图 4-1　人利用作物贮存的能量流向示意

如果办沼气,可以充分利用贮存在秸秆和粪便里的能量,开发生物能。科学试验表明,有机物通过沼气发酵,能量转化率可达 94%,沼气燃烧释放热能,利用率可达 60% 左右。所以说,秸秆等有机物转化成沼气后再燃烧,利用率可达 50% 以上。从图 4-2 办沼气后人利用贮存的能量流向示意图中可以看到,一定面积上的粮食作物,产的粮食人吃后粪便投入沼气池,产的秸秆也都投入沼气池,通过沼气发酵后,大约可利用光合作用转化太阳能的 65％,利用率提高了 1.5 倍。如果单从秸秆看,能量利用率可提高 4 倍以上。

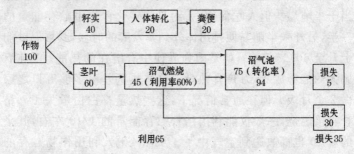

图 4-2　办沼气后人们利用作物贮存能量流向示意

3. 多积优质肥

有机物通过沼气发酵除产生供燃烧的沼气外,还制造了大量优质的渣肥和水肥。如前所述,燃烧的沼气主要是以甲烷为主体的碳氢化合物,大量的氮、磷、钾等植物营养物质和有机质保存在沼渣和沼水里。

试验得知:①有机质发酵后,因发酵技术不同,有机质损失 10％～50％;而高温堆肥有机质损失 42％左右,沼肥有机质损失 50％～60％,作燃料则全部损失。②氨损失极少,一般为 2％～10％(氨气随沼气逸出),而高温堆肥损失 20％～40％,燃烧时全部损失。③速效氨含量高,包括苗体蛋白,约占全氮的 50％。而堆肥只占 5％～10％。④磷及钾、钙、镁等灰分一点不损失;燃烧时除剩下灰分外只残存少量磷。⑤保肥效果好。据四川测定,贮存 30 天后,沼气池内的粪水比敞口池粪水含氮高 14％,铵态氮高 19.4％。

田间试验和生产实践也表明沼肥是有机肥中最好的肥料。1981 年四川省大安市海坨乡巩固村当时的农科队试验,施沼肥比施优质羊圈粪的增产 4.3%。1982 年大安市两家子乡三家村的孙巨宽在自留地试验,施沼渣肥的玉米苗齐、秆壮、色深、长得高;收获时双棒多、穗粒数多,青穗少,上得饱满,比施优质猪圈粪的增产 18%。这个村的王海,用沼水追小麦比没追的增产 3 成;防治大豆蚜虫,效果达 98%。1983 年田间观察,全县凡是施沼肥的庄稼,都比施其他农家肥多长高 30 余厘米、色深一成。

(二)发酵原理

1. 沼气发酵的概念

微生物分解有机物产生沼气的过程,叫做沼气发酵。这要具备 3 个条件。一是有相应的微生物。二是有可供利用有机物。三是有适宜的环境。

沼气发酵微生物可分为两大类:不产甲烷微生物和产甲烷微生物。已发现的不产甲烷微生物包括细菌(18 个属 51 种)、真菌(3 个纲 36 个属)和一些原生动物(18 种)计 100 余种,以细菌为最多。最近又有人将不产甲烷微生物分为发酵微生物和产氢产酸微生物两种;产甲烷的微生物——产甲烷细菌,为古生菌的原核微生物,发现有 7 个属 15 种。这些微生物在自然界大量存在,目前人工培养的极少。一切动、植物及其残体都是有机物。目前,一般认为除木质素和矿物油外,几乎所有的有机物质都可以经过厌氧发酵,最后产生甲烷。

沼气发酵的环境条件,主要有严格的厌氧环境,适宜的温度、酸碱度,以及原料的适宜浓度和碳氮比。

2. 沼气发酵过程

有机物在一定的环境中,经过多种微生物不断分解,最后产生以甲烷为主体的沼气,这是个受微生物学、化学和动力学制约的连续变化过程。这个过程由于条件不同有快有慢,快的3天左右,慢的1~2个月。但不管时间长短,大体都可分为3个阶段,是3个主要代谢菌群共同作用的结果。

第一阶段,水解和发酵阶段(液化阶段)。主要起作用的是发酵性细菌,发酵性细菌是一个十分复杂的混合体,大部分为专性厌氧菌,也有兼性厌氧菌和好氧细菌。一般前者比后两者数量多100~200倍。氨是发酵性细菌的主要氮源(有少数能利用氨基酸、肽),此外还需要少量硫化物、血红素、B族维生素和饱和脂肪酸等营养物质。有机体在微生物胞外酶(如纤维分解酶、纤维二糖酶、淀粉酶、蛋白质酶、脂肪酶等)的作用下,由不溶态固体变为可溶于水的物质。如首先将多糖分解成单糖和二糖;将蛋白质分解成多肽和氨基酸;将脂肪酸分解为乙酸、各种芳香酸、醇类、氨、硫化物、二氧化碳和氢等。冯孝善、俞秀娥等研究指出:①蛋白质氨化细菌、纤维素分解细菌、一般异养细菌以及硫酸还原细菌是发酵过程中对产甲烷细菌的活动有较大影响的不产甲烷细菌的生理群。②15℃以下低温对于不产甲烷的细菌有不利影响,主要表现为蛋白质氨化细菌增殖数量减少(仅为28℃时的1/15)和纤维素分解细菌速率的降低。③在低温条件下,不仅产气进程推迟,而且产气率和产气系数均显著下降。

第二阶段,为产氢产乙酸阶段(酸化阶段)主要起作用的是专性产氢产乙酸细菌。这类微生物也由多种细菌组成,每种细菌都有自己的能源专一性。第一阶段已经液化的物质,随溶液进入微生物细胞内,在胞内酶的作用下,进一步分解成以乙酸为主体的(其他还有甲酸、甲醇等)小分子化合物,同时产生氢和二氧化碳。乙酸占生成物的80%左右,其中有80%以上来自丙酸的氧化作用。乙酸、甲醇、甲酸、氢和二氧化碳都是产甲烷菌生成甲烷的基质。第一阶段和第二阶段统称不产甲烷阶段,是为产甲烷菌加工原料的阶段,没有这两个阶段就不能产生沼气。

第三阶段,为产生甲烷阶段。主要起作用的是各种产甲烷细菌。这一阶段将第二个阶段的生成物,转化为甲烷和二氧化碳。甲烷是碳素最还原的形式,而二氧化碳则是碳素最氧化的形式,这是使有机物完全降解的一系列异化反应中的最后一步。在甲烷发酵中,有两种主要的产甲烷反应,一是氧化氢,还原二氧化碳形成甲烷;二是裂解乙酸,形成甲烷和二氧化碳。70%左右的甲烷是由乙酸的甲基形成的,后一个反应是主要的。

(三)发酵的基本条件

1. 对温度的要求

根据发酵的目的和条件不同,将沼气发酵分为高温、中温、常温3种类型。

(1)高温发酵 45℃～60℃,产气率2～2.5立方米/日·立方米池容;处理有机物的效率高。由于加热发酵原料和维持池内发酵温度,要消耗许多热量,从能源回收的角度看是不经济的。但一些工业排出的有机废水、废物温度很高,如酒厂、制革厂、食品厂、发电厂、屠宰场等,有的排放温度达70℃以上,不需要外部补充热量,可以考虑采用高温发酵的办法。

另外,为了杀灭城镇粪便中的寄生虫卵、病原菌,防止污染,亦应采取高温发酵的办法。

(2)中温发酵 30℃~45℃,产气率 1~1.5 立方米/日·立方米池容。一般处理城市污泥、工业有机废水、大中型农牧场牲畜粪便、适宜采用中温发酵技术。从处理有机物的速率,产生沼气的纯回收量等综合效益评价,中温发酵是较为合理的。目前许多地方正在努力发展中温发酵技术。

以上两种类型,一般都需要装置热量供应和交换系统、搅拌设备等,整个发酵装置造价较高。

(3)常温发酵(自然发酵) 15℃~35℃,发酵温度随季节和天气温度变化而变化。我国农村家用沼气池基本全是这个类型。我们目前推广的发酵技术,主要是常温发酵技术。夏季沼气池发酵温度一般为 22℃~28℃,产气率可达 0.2~0.3 立方米/日·立方米池容。冬季,池温如果能保证 15℃~17℃,产气率可达 0.1~0.15 立方米/日·立方米池容。常温发酵的优点是技术较为简单,成本低;有机质和养分损失少,沼肥质量高,适于农村发酵原料的性质(不需高温即可消化),并可满足目前的需要(只做饭、点灯,对消化速度要求并不严格)。

在自然温度发酵条件下,沼气池的增温、保温技术,是提高产气率和延长沼气使用时间的重要手段。据报道,猪粪在 27.6℃下发酵比在 16.9℃发酵总产气量提高 67%。达到增温保温的主要途径有:①积极利用太阳能。②地下池切断地温影响。③覆盖。④改进发酵工艺。⑤因地制宜,采取综合措施,争取实现中温发酵。

2. 对其他环境条件的要求

(1)严格的厌氧环境 无氧呼吸是产甲烷菌的生理特性,

严格的厌氧环境,是沼气发酵的先决条件。要求沼气池必须密封性能好,耐腐蚀,做到不渗水、不漏气。

(2)酸碱度适宜 pH 值 5～10 均可发酵,但最适宜 pH 值为 7～8。关键是起始 pH 值的调节,以 pH 值 7.5～7.8 为最好,6 天以后基本稳定,保持 pH 值 7.5 左右。实践表明,在原料基本相同的条件下,稍偏碱的沼气池(pH 值 7.2～7.8)甲烷含量高。产气好的沼气池挥发酸量为 929～2 332 毫克/千克,其中乙酸含量为 230～1 637 毫克/千克,一般要求乙酸含量不得超过 2 000 毫克/千克。

(3)压强不可过大 据钱深澍、蔡昌达研究,5 立方米沼气池自然温度发酵 1 年,10 厘米水柱压强组比 70 厘米水柱压强组多产气 14.5%,产气时间也长。沼气池内压强超过 60 厘米水柱,或者发酵液柱过多,都会对产气带来不利影响。

(4)发酵料液面不可结壳 结壳影响产气,甚至不产气。减轻或清除结壳的办法很多,常用的办法是搅拌,可比不搅拌提高产气率 15%～30%。

3. 对发酵原料的要求

(1)当地资源丰富,产气率高 发酵原料是产生沼气的物质基础。作物秸秆、人畜禽粪、青杂草、落叶,各种水生植物,以及酒糟、有机垃圾、生活污水,都是产生沼气的原料。从能量转移和物质循环观点来看,应该优先用粪便,其次用秸秆。从有利于产气来看,二者要合理搭配。一般五口之家有 500 千克秸秆 2 头猪,或者 3 头大猪,或者 1 头牛的粪便全部入池,能产生沼气 300 立方米,至少可用 7～8 个月(表 4-1,表 4-2)。

(2)碳氮比要适当 沼气细菌要从原料中吸取碳素、氮素和矿物质营养。碳提供微生物活动的能量,在秸秆中含量较多；氮则用于构成微生物的细胞，在人、畜粪便，尤其是人粪中较多。沼气发酵过程中碳和氮的消耗是有一定比例的，从经验来看，碳氮比例15～30∶1都能正常发酵，有的人认为16～60∶1都可以（表4-3）。

表4-1　不同原料沼气池发酵的产气率　（定温条件）

原料名称	产气率（升/千克）			甲烷含量（％）	发酵温度（℃）	研究者
	湿料	干料	挥发性固体			
猪粪（2％）		426.3～648.9			35	姚爱莉
猪粪（6％）		405.1～541.3			35	姚爱莉
猪　粪	125	510	960	70～71	35	姜峰等
猪　粪	116.7	426	556.57	65	30	彭爱武等
麦秸（2％）		515.58			35	姚爱莉
麦秸（6％）		435.24			35	姚爱莉
麦　秸		487.29	910.12	62～71	35	周孟津
麦　秸	460	495	780	60～67	35	姜峰等
玉米秸		632.5	985.83	62～71	35	周孟津
玉米秸	500	555	845	60～68	35	姜峰等
人　粪		470	962		35	熊承永
人　粪	115	430	710	69～74	35	姜峰等
牛　粪	23	120	260	67～76	35	姜峰等
牛　粪	58.86	294.3	382.76	66	30	彭武厚等
马　粪	74.6	345.3	425.7	74.7	35	郭梦云等
污　泥	37.9	75.8	543.8	76.3	35	郭梦云等
酒糟蒸馏废液		385			35	张树政
鸡　粪	213.8	310.3	277.5	60～65	30	彭武厚等
青　草	63.28	398	489.42	64	30	彭武厚等

表 4-2 不同原料沼气发酵的产气率(自然温度条件下)

原料名称	产气率 (干料,升/千克)	发酵温度(℃)	研究者
牛 粪	230~290	23~31	李 理
牛 粪	85.2	27~30	江苏六合沼试站
牛粪加猪粪	110~126		
猪 粪	127.6	27~30	钱深澍等
人 粪	322	27~30	江苏六合沼试站
麦 秸	183	27~30	江苏六合沼试站
稻 草	140	27~30	江苏六合沼试站

表 4-3 常用沼气发酵原料的碳氮比

原料名称	碳素占原料重量(%)	氮素占原料重量(%)	碳氮比
干麦秸	46	0.53	87:1
干稻草	42	0.63	67:1
玉米秸	40	0.75	53:1
树 叶	41	1	41:1
野 草	14	0.54	27:1
鲜人粪	2.5	0.85	2.9:1
鲜人尿	0.4	0.93	0.43:1
鲜牛粪	7.3	0.29	25:1
鲜马粪	10	0.42	24:1
鲜猪粪	7.8	0.65	13:1
鲜羊粪	16	0.55	29:1
鸡 粪	35.7	3.7	9.65:1

为农村应用方便,沼气发酵配料可以简化为粪、草比(即人、畜禽粪便与秸秆重量比)。新池投料或旧池大换料粪草比以 3：1 为宜(单人粪,秸秆数量可以增加),当粪草比小于2：1 时,应适当补充氮素营养。

(3)发酵料浓度要适宜 沼气发酵干物质浓度多少为好?目前有不同看法。韩天喜以猪粪加稻草为原料,浓度从5％～25％,在 27℃～30℃条件下试验,结果 5％～15％范围随浓度进一步增大,从 15％～25％总产气量增加不显著,甚至减少。付尚志试验,13.5％浓度在 32℃～50℃条件下产气量比7.4％的高 1 倍,但在 17℃条件下前者反而比后者低。这是由于高浓度在较低温度条件下容易引起有机酸的积累,所以他认为高浓度发酵不适于池温较低的沼气池。张树政的试验认为,发酵浓度 10％比 5％、15％都好。结合我们地区的特点和各地经验来看,根据温度变化发酵液浓度控制在 6％～12％还是比较合适的。

4. 对接种物的要求

农村沼气池发酵产气量高低和甲烷含量多少,与沼气微生物的种源和数量关系十分密切。一般新鲜发酵原料本身带有的菌种很少,不富集菌种迟迟不产气或产气很少,所以投料时要添加充足的接种物。一般在含有机质较多的坑塘污泥、粪坑底子、堆沤腐熟的动植物残体,正常发酵池沉渣,城市下水道污泥、屠宰场、酒厂、食品厂、味精厂、糖厂、豆腐坊污水,以及新鲜的牛粪、猪粪中都含有较多的产甲烷细菌。另外,也要加入足够数量的含不产甲烷细菌较多的马粪、人粪等。

5. 水压式沼气池发酵工艺

(1)工艺流程 农村水压式沼气池发酵工艺流程,必须兼顾用气、用肥、卫生的需要。较为合理的半连续发酵工艺流程,见图4-3。

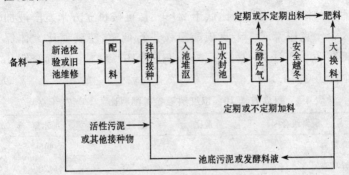

图4-3 半连续发酵工艺流程图

(2)操作技术规程

①备料 备料是沼气发酵工艺流程的首要步骤。新建池和旧池大换料前,必须准备好充足的发酵原料。旧池换料一般是在春季进行。要在入池前20~30天将原料准备好。一个6立方米的沼气池,每年至少要安排400~500千克作物秸秆,并积攒好人和畜禽粪尿,全部入池。粪肥入池,沼肥下地,这在农业生产物质循环图上又增加了一个重要环节,这需要改变传统用肥的习惯,是积肥和施肥制度上的一项重要改革。

入池前作物秸秆要铡成2~3厘米的短节,最好粉碎,以扩大接菌面,有利于产气。牛马粪必须加水捣碎,以减轻漂料。

②新池检验和旧池维修 新建沼气池,必须按要求严格检查建池质量,经检验证明质量合格后,方能投料使用。使用

1年以上的旧池,不论原来是不是病池,在大换料后,都必须对池体进行1次认真检查,发现有漏损的地方,要及时修复。可用水泥砂浆、水玻璃浆或其他密封材料进行粉刷。特别是气管部分,原来没用密封涂料的,漏不漏气都要涂刷1~2次。

③配料 投的料要保证有足够的产气量,合理的碳氮比,适宜的浓度。当粪草比低于2:1时,可按每立方米发酵液加入1千克尿素或3千克碳酸氢铵进行调整,使碳氮比大体保持在20~30:1。发酵液浓度要达到10%左右。下面介绍几个配方(表4-4)。

表4-4 每立方米10%浓度料液参考配料比 (单位:千克)

配料组合	重量比	加料重量	加水量
鲜猪粪		555	445
鲜马粪		575	425
鲜牛粪		588.2	411.8
鲜猪粪:麦秸	4.54:1	543.6:119.6	1336.8
鲜猪粪:稻草	364:1	482:132.4	1385.6
鲜猪粪:玉米秸	2.95:1	442:150.2	1407.8
鲜猪粪:人粪:麦秸	1:1:1	164:164:164	150.8
	2:0.75:1	296:111:148	144.5
鲜猪粪:人粪:稻草	1:1:1	165:165:165	1505
	2.5:0.5:1	360:72:114	1424
鲜猪粪:人粪:玉米秸	1:0.75:1	179.4:134.6:179.4	1506.6
	2:0.2:1	334:33.4:167	1465.5
鲜猪粪:牛粪:麦秸	3:1:0.5	528:176:88	1208
	5:1:1	520:104:104	1272

配料组合	重量比	加料重量	加水量
鲜猪粪：牛粪：稻草	3.5：1：1	424：121：121	1334
鲜猪粪：牛粪：玉米秸	2.2：2：1	286：260：130	1324
鲜猪粪：人粪：牛粪	1：0.5：3.2	250：126：800	824

④拌料接种　先将铡碎或粉碎作物秸秆铺在沼气池旁边的空地上(约 33 厘米厚)，再盖上一层拌均匀的粪料和接菌物。泼上适量的水(用水量以淋湿不流为宜)。要求边泼边拌匀，操作要迅速，以免造成粪液和水分流失。没条件拌料入池的，可一层秸秆、一层粪料和接菌物，薄铺多层，层层踏实。

⑤入池堆沤　将拌匀的发酵料及时投入池内堆沤，要边进料边踏实。这样做不仅可压缩秸秆容积，更重要的是有利于秸秆充分吸收水分，减轻发酵过程中上浮结壳程度。堆沤时间，早春 3～5 天，夏季 1～2 天。堆沤时不能盖上活动盖。如遇雨天或气温太低时，可盖上活动盖口。但天晴或气温回升后，必须及时打开，以利于好氧性微生物发酵。

⑥加水封池　当池内料温升至 40℃～60℃时，应及时从进出料口加水，加水量要扣除拌料时加入的水量。加完水后可用 pH 广范试纸检查发酵料液的酸碱度。一般在 pH 值 6以上时即可盖上活动盖封池。如果 pH 值低于 6，可加适量的石灰、氨水或澄清石灰水，pH 值调整到 7 左右再封池。封池后应及时将输气导管、开关和灯、炉具安装好，并关闭输气管上的开关。

⑦放气试火　按上述工艺流程操作，一般封池后 2～3 天产生的沼气即可供使用。使用前先在炉具上点火试验(切忌在池旁直接点火)，如能点燃，说明沼气发酵已经开始正常运

行,翌日即可使用。如果点不着火,要把池内气体放掉,再及时闭上开关,翌日再点火试验。

⑧日常管理

第一,及时添加新料。一般投料后 30 天左右产气量显著下降,应及时添加新料,以后每隔 5～7 天加 1 次,每次加料量占总发酵液量的 4%～5%。要先出料后进料,出多少进多少。三结合的沼气池,除人、畜粪便自动流入池内外,应根据产气情况适当添加一些粉碎的作物秸秆。在添加液中,不能随意加大用水量。

第二,适当添加氮素。农村发酵原料多以秸秆为主,在正常发酵 1～2 月后,应适当添加氮素,以免碳氮比例失调影响产气效果。方法是将尿素装入塑料袋内扎紧袋口,用针在底部刺 10～20 个小孔,置入并固定在投料管口下部位,使其缓慢溶解。用量是每立方米发酵液加尿素 0.3 千克。

第三,搅拌。可用长木杆或竹竿,从进、出料口伸入池内,来回搅动,每日 1 次,每次搅动几十下。如果浮渣结壳严重,应及时打开活动盖破坏结壳层,插小秫秸把 6～9 把(直径越小越好),高出液面,上端连成三角形架,固定在池中。插秫秸把也可以在装料时进行,更有利于发酵,提高产气率。

第四,注意调整发酵料液的酸碱度。经常用广范试纸检查,如显示黄色、橙色,说明发酵液呈酸性,应加入适量的石灰或灰水调节;若显示红色,说明发酵液呈强酸性,应将大部分或全部发酵液取出,重新接种、投料启动。

第五,提高料液温度。在早春、晚秋应适当添加铡碎并经堆沤的秸秆、骡马粪、羊粪或酒糟等酿热性材料,以提高发酵温度。

第六,要经常检查输气和用气装置和沼气池是否漏气。

⑨安全发酵 ①严禁向沼气池内投农药和其他各种杀虫剂、杀菌剂。如发生这种情况应将池内发酵料液全部清除,并冲洗干净,再重新投料。蓖麻籽油渣饼、骨粉易产生有毒气体磷化三氢,不宜入池。也禁止电石和洗衣粉入池。②调整发酵液酸碱度和碳氮比用石灰水、氨水、尿素、碳酸氢铵,不可超量使用,必须控制在适宜浓度范围内。

⑩池体安全越冬 ①出水料,不空腹。②切断地温,加保温层。③垛柴草。④水压箱小水圈内不准有积水。⑤修保温棚,盖保温被搞综合利用。

⑪大换料 北方地区,应该安排在春季用肥前 20~30 天大出料。要先备料后出料。在大出料前要备足入池的粪草原料,搞好作物秸秆预处理。大换料时要留下 10% 以上的脚底污泥或 20% 左右的发酵料液作接种物。同时,要特别注意安全操作,防止发生事故。

6. 几项发酵新技术

(1)分批投料 将原料由 1 次投料改为分批多次投料,可促进原料分解,可提高产气量 30% 以上,同时整个发酵期间产气均衡。

(2)发酵过程中出池堆沤 在沼气发酵高峰期后,将秸草等干料出池堆沤几天后再入池,借助空气接触,使好氧细菌繁殖,促进原料分解,可提高产气率近 1 倍。

(3)池内插管 河南群众将玉米秸扎成小捆,用石磙压碎成捆,直立放入沼气池,再添加人、畜粪便,可显著提高产气量。这是因为玉米秸压碎后便于沼气细菌在秸内繁殖,有利于发酵;玉米秸中间通气,便于气体释放;此外进、出料也方便。

（4）池内加竹篓、铁丝筐　筐篓或铁丝筐直径 30 厘米,高要超出料液面,编得越密越好,投料前放入池子正中,可防止浮渣结壳,有利于细菌寄生繁殖,产气率高。

（5）过水泡料,池内堆沤　四川省黑水县吴久志,在沼气池旁挖 1 个直径 1 米、深 30～40 厘米的土坑,引进沼气池老水(新池可用在坑水),然后将备好的各种干料混合投入水坑,待 1～2 分钟达最大持水量时,捞出堆在池旁 1 小时,控出多余水分,再投入池中,1 次装满。3～4 天后初经发酵的料会下降,再以同样方法加料装满池,不踩实、不封盖,敞口堆沤,堆沤程度及时间见表 4-5。

表 4-5　堆沤程度及时间表

原料种类	堆沤时间(天)		发酵程度	温度(℃)
	早春、晚秋	夏季		
以秸秆为主	17～19	13～15	黑臭烂	60～70
以杂草为主	13～15	10～12	黑臭烂	60～70
以青草、粪便为主	10～12	7～10	黑臭烂	60～70

（6）固体发酵（干发酵）　这需要密封式的沼气池。据山东省能源研究所邹光良、赵中韦试验,干发酵必须掌握 3 条要领。

①合理的原料配比　他们认为,按总固体算,麦草和猪粪 6∶4,玉米秸与马粪 7∶3 较为适宜。这样,一方面能保证原料碳氮比在发酵的较适合的范围内,另一方面氮的含量相对较高,有利于氨化作用,使发酵系统的 pH 值增大。

②接种剂用量要大　一般不能低于发酵料总量的 20%(接菌剂的总固体含量为 5%),并且要求保证接菌剂的活力。以保证不产甲烷细菌作用产生的有机酸和产甲烷细菌,利用

这些有机酸生产甲烷的动态平衡不遭受破坏。

③搞好原料预处理 首先是机械破碎,将作物秸秆铡成5～6厘米的短节。其次是池外堆沤。堆沤时间由当时气温和原料状况确定。如25℃时堆沤4～5天,秸秆的色泽变暗,质地软化即可。这样,除便于发酵启动外,还便于装料压实,有利于造成厌氧环境。

(四)安全管理

1. 缓进缓出

进出料时缓进缓出,出料时停止用气。

2. 注意防火

禁止在沼气池进出料口或导气管直接点火,以免引起回火造成池体爆炸事故。

3. 沼气灯、炉具不要放在柴草等易燃物品附近

要经常检查导气系统是否破损漏气,是否畅通。点火时要注意安全,先点引火物后打开关。室内发现漏气及时打开门窗,使室内空气对流,将大量沼气排出后才能点火。导气管发生堵塞,应及时排除,避免池内因压强太大造成裂损。

4. 防火堵塞

沼气池及沼气灯、炉具要在适当位置安装气水分离装置,适时排放冷凝水,防止导气管堵塞。

5. 安全修池和大出料

要打开活动盖 1～2 天，尽量把料液清除。必要时采取鼓风办法向池内送新鲜空气，排除残存沼气。入池前先用笼具将鸡、兔等动物放入池内，无异常时操作人员方可入池。外面要有人照应。入池头发晕发闷，要立即撤出池外。严禁单人操作。入池工作只准用电灯、手电筒、水银镜反光，不准点蜡烛、油灯、火柴、打火机。池内及周围不许抽烟。

（五）"四位一体"

所谓"四位一体"就是将沼气、日光温室、种菜、养猪有机结合在一起的一种模式。"四位一体"，农村能源生态模式（以下简称模式），是一种高产、高效、优质农业生产"模式"。它是依据生态学，生物学系统工程学原理，以土地资源为基础，以太阳能为动力，以沼气为纽带，种植、养殖相结合通过生物转换技术，在农户土地上，全封闭状态下将沼气池、猪（禽）舍、种菜、日光温室连接在一起，组成"模式"综合利用体系。

1. 设计与施工

（1）模式工程设计所应遵循的原则

①位置选择 模式工程可选择在农户的房前屋后，场地宽敞，背风向阳，没有树木和高大建筑物遮光的地方修建。温室设计应坐北朝南，东西延长。如果受限可偏西或偏东布置，但偏角不得超过 15°。如在屋后建，模式工程（即大棚）的前脚到房屋后墙的距离，要超过屋脊高度的 2.5 倍。

②面积、体积 温室面积可依据庭院大小而定，通常面积

为 200～300 平方米。在温室的一端建 15～30 平方米猪舍和厕所，在猪舍下面建 6～10 立方米池容沼气池。有条件的户可将豆腐房或小酒坊建在棚内。

庭院东西长度较短的农户，猪舍可建在温室的北侧（即后位式）。

（2）日光温室的设计与施工要点

①骨架、墙体 模式工程中的日光温室建筑材料采用竹木或金属做大棚骨架，土垒或砖砌夹心保温围墙，采光面采用无滴塑料棚膜，依靠太阳光热来维持室内一定温度，以满足作物蔬菜生长需要。

②荷载 日光温室设计要求结构合理，光照充足，保温效果好，抗风雨，抗雪压。温室内骨架设计主要应考虑抗压，稳定和少遮光，应在一定荷载下不变形。设计荷载标准如下：

固定荷载 ≥10 千克/米^2

雪荷载 ≥25 千克/米^2（相应雪厚 20 厘米）

风荷载 ≥30 千克/米^2（相应风速 17～22 米/秒）

③跨度、角度 温室跨度为保证采光性能好，辐射面大，一般应采用 6.5～7 米。为加强保温效果，后坡高度应适当加大，后坡水平投影与总跨度之比值，一般为 0.20～0.25。为保证温室北侧弱光面有充足的光照，吉林省日光温室一般后坡仰角定为 30°～35°，不能小于 30°。

④高度 温室高度的确定，根据吉林省地理纬度和目前日光温室发展状况，"模式"工程中的日光温室中柱高度一般应设计为 2.6～3.2 米，后墙高度一般在 1.8～2.4 米。为了便于在棚内人工操作，棚内距离南侧 0.5 米处，棚面弧线矢高不应低于 0.7 米。

⑤优化值 日光温室屋面角度的优化值的确定参见表

4-6。

表 4-6　日光温室屋角度优化值　（单位:度）

φ	42°	43°	44°	45°	46°
υ	31°	32°	33°	34°	35°

⑥保温墙的厚度　日光温室的保温与采光设计具有同等地位,是日光温室成败的关键因素之一。吉林省一般采用砖墙厚 60 厘米。原则上应相当该地区冬季冻土层的深度。

⑦覆盖物的厚度　日光温室盖层一般为塑料棚膜,它在夜间成为对外的主散热面,占总耗热的 70% 以上。为此,应特别重视棚内夜间保温。夜间保温春、秋季可用草苫子,冬季要采用棉被。草苫子的重量每平方米不应少于 4.5 千克,棉被厚度不能低于 3 厘米。

(3)沼气池的设计与施工要点

①主要设计参数　活荷载:200 千克/平方米;池内最大气压限值:≤1 200 毫米水柱;最大投料量:池容的 90%;池内气压:为 800 毫米水柱时,24 小时漏损率小于 3%;产气率:每日每立方米池容产气不低于 0.15 立方米;正常使用寿命:10 年以上。

②设计原则　沼气池设计应按照"四位一体"或"五位一体"有机联系的原则进行设计,做到沼气池、厕所、猪舍温室连通(图 4-4)。

沼气池要建在温室的一端,距农户灶房距离一般不应超过 25 米,要建在采光效果好的地方。

沼气池容积每日每户用气量应设计为 1～1.5 立方米,可选 6、8、10 立方米,以 8 立方米为宜。

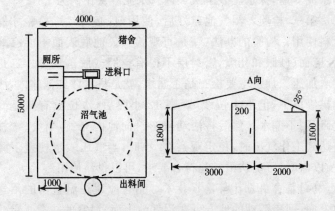

图 4-4 "四体一位"猪舍示意图 （单位：厘米）

③沼气池的建设施工技术　沼气池的池形、容积，建池位置确定后，第一道工序是放线挖坑，放线的尺寸一定要挖准，防止超挖欠挖。坑壁挖时要求平、直。浇筑沼气池的混凝土标号要达到 150 号以上。

第一，现场浇筑。坑挖好后，要清理夯实，然后浇筑池底，池底采用 10 厘米厚砾石混凝土。待混凝土初凝后，再立模浇筑池墙。沼气池池墙厚度为 6 厘米，池盖厚度 10 厘米。当采用平拱盖时，要加 8 毫米铁丝，间距 20 厘米×20 厘米的钢筋网。浇筑混凝土的粗骨料粒径不大于 4 毫米，孔隙度不大于 45％，压碎指标小于 20％，水、灰比控制在 0.65～0.55。人工搅拌的混凝土，每立方米的水泥用量不少于 275 千克。坍落度应控制在 4～7 厘米，混凝土浇筑要连续、均匀、对称，振捣密实，不留施工缝。池盖外表采用原浆反复压实抹光并注意养护。

第二，抹灰。沼气池主体建好后，进行密封层施工。我国北方一般采用五层作业法。一是基层刮素灰。二是抹水泥砂灰。三是刷素灰。四是面层砂灰。五是刷水泥素灰。即刮、刷水泥 3 遍,抹水泥砂子灰 2 遍。水泥砂灰比例为 1：2.5。

第三,检验。沼气池建好后,使用前,必须经过检验才能投料使用。检验的办法:一是直观检查。池底表面不能有蜂窝、麻面、砂眼和孔隙,密封层不得有空腔或脱落现象。二是加水加压。加水主要检查是否漏水,就是将水注到池体内,注到拱缘以下,记下水位线,观察 12 小时后,水位没有明显变化,证明不漏水。然后将活动盖密封向池内充气,当气、水柱差达到工作气压时,稳定观察 24 小时,当气压表水柱差下降 3‰以内时,可确认沼气池符合要求,可以投料使用。

(4)猪舍的设计与建设技术 猪舍应建在温室内的沼气池上面,即猪活动的地方可在沼气池上面、温室的一端。重要的一条是,猪舍的棚面形状与温室相一致,要把猪吃食、排便、活动和猪床分开。温室与猪舍之间必须用内山墙间隔。内山墙以上 70 厘米高度以下采用 24 厘米砖墙,上部可采用 12 厘米厚砖墙,墙壁上要留 2 个换气孔,孔口为 30 厘米×30 厘米。孔口设计木质活动扇,便于开闭。低孔距地面 70 厘米,高孔 150 厘米。

猪舍南墙棚脚 100 厘米处,设高墙或用护栏,猪舍北面设走廊,同时留门。猪舍做水泥地面,高出自然地面 10 厘米,猪床向沼气池进料口处抹成 3°～5°坡度,便于清扫粪尿。

(5)豆腐房建设与要求 豆腐房建在大棚内的东侧或西侧,靠着大棚的边墙建,以便于操作与取送物料。豆腐房占面积 15 平方米即可。做豆腐房外墙。如是用土垒的墙,可紧贴土墙,用 12 厘米宽的砖、水泥砂浆砌砖墙,一直砌到大棚棚顶。但豆腐房的房盖要单独上盖,不能用塑料薄膜直接扣下来,最好用木板棚。同时,要在棚上设通风口以使做豆腐的气随时排出室内。

豆腐房建在温室内,靠近猪舍,一方面可以为饲养猪提供饲料,另一方面便于豆腐渣水的就近消化。豆腐房主要是冬季可为大棚增温。即将豆腐房做豆腐所消耗的能源排出的烟气,通过在棚内修的火墙排出。这样,就使做豆腐的能源得到了二次利用。

2. 使用与管理

(1)沼气的使用与管理 要使沼气池产气多,持续均衡产气、供肥,必须抓好以下几点。

①准备充足的发酵原料 按目前农村的生活水平,一个四口之家,每日生活约需 1.5 立方米沼气。如果单纯用猪粪做原料,则需长年存栏成年猪 4～5 头。也可用牛、马、鸡、羊粪作原料,还可用玉米秸或烂草作发酵原料。

②控制发酵浓度 水压式沼气池内发酵原料的浓度,一般控制在 8%～15%。例如:按 8% 的浓度配料,在开始投料时,每立方米池容积应投入鲜粪便 450 千克左右。同时,加水550 升左右。模式工程的人、畜粪便自流入池。8 立方米沼气池甲烷菌活动每日需干物质 6.4 千克相当于 32 千克鲜猪粪(约 6 头 50 千克以上成年猪的排粪量)。

③适当进行搅拌 搅拌可防止或打破结壳,可提高产气量 10% 以上,搅拌一般每隔 3～5 天进行 1 次。简便的方法是从出料口舀出一部分粪液,倒入进料口,以冲动发酵料液。

④适时换料 农村常用的发酵原料,被利用的有机物仅占总量的 25%～35%。残留的大部分是较难利用的木质素一类的有机物,这就需要经常的补充新鲜原料和适时大换料。模式工程沼气池 1 年或 2 年,结合温室蔬菜倒茬进行 1 次大出料,即从池中取出总量的 2/3～3/4 的旧料,补充新料。

(2)保温猪舍的管理 猪舍要经常保持温暖、干净、干燥。要及时清除猪舍内的粪便和残食剩水。养猪塑料膜要全天封闭。平均气温 5℃～15℃,中午前后要加强通风。旬平均气温达 15℃ 以上时,应揭膜通风。当气温回升时,要扩大揭膜面积。但扩大揭膜面积时,不可 1 次完全揭掉,以防止猪发生感冒。

(3)日光温室的管理

①提高地温 改善土壤理化性质,以提高地温。

②合理调整作物、茬口 蔬菜作物品种应随市场需求和大多数人的口味而定,什么菜来得快,价钱高,就种什么。

③温、湿度控制 同一种蔬菜在不同的生育时期对温、湿度的要求是不同的。要根据不同有机物和沼肥不同生育时期加以控制温度和湿度。温度一般日间应控制在 12℃～30℃,夜间不得低于 5℃。空气相对湿度控制在 60%～70%。

五、太阳能的利用

(一)太阳能知识

1. 太阳能辐射的能量

太阳的总辐射功率为 3.73×10^{23} 千瓦,相当于 1 部具有 5 000 万兆马力的发动机的功率,或 1.3 兆吨标准煤燃烧时所产生的全部热量。

从太阳上不断辐射的能量,以每秒 30 万千米的速度穿越太空,8 分钟后,大约有 20 亿分之一到达大气层。这 20 亿分之一的功率约为 173 万亿千瓦,其中有 23% 的能量被大气层吸收,被大气层返射回宇宙空间的约 30%,穿过大气层到达地球表面的约 47%,数量为 81 万亿千瓦。其中被陆地接收的,约为 17 万亿千瓦。比当前全世界 1 年能源的总消耗量,还大 1 万多倍。由此可见,太阳能的利用前景是多么可观。

2. 地面上太阳辐射能的强度

地面上单位面积的太阳辐射能量究竟有多大。因为这个数字决定人们利用太阳能的可能性。为了回答这个问题,首先来解释一下什么叫太阳辐射强度:即在任何一单位水平面积上,单位时间内所得到的太阳辐射能量,称为太阳辐射强度。它不是一个恒定值。但在大气层外的太阳辐射强度趋于某一恒定值。地球绕太阳做椭圆形运动,不同时期地面所测得的太阳能辐射强度也不同,大体上近日点在 1 月初,为 1 399 瓦/平方米,远日点在 7 月初,为 1 309 瓦/平方米,平均点在 4 月份和 10 月份,为 1 355 瓦/平方米。当太阳与地球间距离等于地球轨道的平均半径时所测得的太阳辐射强度,称为太阳常数(11 355 瓦/平方米,1.94 焦耳/平方厘米·分)。太阳常数只给出了大气层外的太阳辐射强度,因为大气层的成分使太阳光到达地面的太阳辐射强度有很大变化,这主要是因为太阳辐射强度与太阳高度角、地理纬度及大气的透明度等因素有关。一般在各方面条件都比较好的情况下,可达 1 000 瓦/平方米,而在工程应用中,该数值常取为 700~800 瓦/平方米。

3. 我国太阳能的分布

我国各地太阳年辐射总量在 80 万~200 万焦耳/平方米,其分布情况主要有以下两个特点。

(1)西部高于东部　西部地区太阳能年辐射总量为 140 万~200 万焦耳/平方米 ,东部地区为 80 万~160 万焦耳/平方米。

为了更好地利用太阳能,根据各地不同条件及接收太阳能的多少,全国划分了 5 个热能等级和 7 个区域。我国北方地区,为第三热能等级。年日照时数为 2 200~3 000 小时,年太阳辐射总量 120 万~140 万焦耳/平方米。各地的年日照和太阳辐射总量,可以从当地气象资料中查找。

(2)太阳能的特点(优缺点)　太阳能与常规能源比有以下的优点:①阳光到处都有,不须运输,没有成本。②太阳能是取之不尽,用之不竭的能源。③太阳能是清洁的能源,没有污染。

利用太阳能也有不利的因素,主要是:①能量密度分布太低(面积大)。②受到自然条件的限制(受冬季、阴雨天、大风天的限制)。

(3)太阳能的收集和转换　就目前的情况看基本上有 3 种转换方式：①光热转换。②光电转换。③光化学转换。

(二)热 水 器

1. 概　述

(1)太阳能热水器的用途　太阳能热水器就是利用太阳能光热转换的方式制造的,它主要是为人们提供生产、生活用热水,可广泛地应用于工厂、机关、部队、学校、服务行业、农村农民家庭。

(2)太阳能热水器的组成　由集热器、贮水箱和输水管路组成。

(3)工作原理　是利用集热器吸收太阳辐射能并将其转化成热能,将水加热,然后通过输水管路送到贮水箱中,以备使用。

(4)太阳能热水器的生产能力　主要视集热器的面积而定,一般每平方米集热器,在正常的气候条件下,每日可生产 $60℃$ 左右的热水 $60\sim200$ 升。

(5)太阳能热水器的优点　同其他太阳能利用装置相比,具有结构简单、制作容易、维修管理方便、清洁卫生、一次投资后就可长期使用等优点。

2. 太阳能热水器的类型

太阳能热水器按其收集太阳能的原理基本上可分为两种,即平板型太阳能热水器和聚光型太阳能热水器。

平板型太阳能热水器就其结构和工作方式可以分成以下几种：

（1）浅池式热水器　浅池式太阳能热水器其顶部盖一层玻璃，底部与四周加以保温，池底涂上一层黑漆或覆盖黑色塑料薄膜。外壳可用金属、木材或水泥等材料制作。使用时将热水器水平放置在阳光下，往池内注入 10 厘米左右深的水。

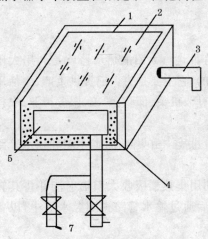

在夏季晴朗天气，每平方米的浅池式热水器，每日可产 40℃左右的热水 60～100 升。此种类型的热水器适用于平屋顶。但是由于水平放置，在高纬度地区，则不能充分的利用太阳能，故效率较低。其次是保温不好，热损失较大（图 5-1）。

图 5-1　浅池式太阳能热水器
1. 外壳　2. 玻璃盖板　3. 溢流管
4. 保温层　5. 防水层　6. 出水口
7. 进水口

（2）封闭式热水器　这种热水器多采用铁皮、金属管或塑料管等材料制作。整个热水器为封闭式，里面盛水，倾斜放置，这样既减少了热损失，又可接收更多的太阳辐射能，效率较高。这种热水器的特点是集热器和热水箱合为一体，不必单设水箱，故结构简单，安装方便，比较适宜家庭使用。吉林省推广使用的热水器大部分为此种类型（图 5-2）。

（3）薄膜式热水器　此种热水器整个结构采用软质乙烯

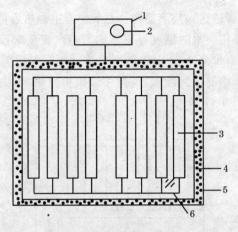

图 5-2 封闭式热水器

1. 补水箱　2. 浮球阀　3. 排气口
4. 出水口（热水）5. 集热筒　6. 保温层

树脂制成,表层透明,底层则为黑色,两层相叠,四周焊牢,然后将水注入两层之间加热。这种热水器的特点是轻便价廉,可制成折叠式(图 5-3)。

另外,还有同此种热水相类似的热水器——红泥塑料闷晒式热水器,此种热水器具有造价低,安置使用方便,体积可大可小,根据用水量进行合理使用。缺点是热效率较低。

图 5-3 薄膜式热水器示意图

(4)一次加热式热水器　这种热水器的工作原理是将水

通过细长管道送入集热器内。在集热器中加热后再流入热水箱,贮存备用。水的温度可以靠调节进水流量来控制。此种热水器的造价高于前几种类型的热水器。但因为有贮热水箱,如贮水箱的保温性能好,则可以集中使用,可供多人同时淋浴等(图 5-4)。

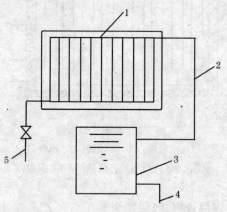

图 5-4 一次加热式热水器

1. 集热器 2. 连接管路 3. 贮水箱 4. 热水出口 5. 进水管

(5)循环式热水器 循环式热水器较前几种热水器效率都高。它除了具有集热器外,还有一个位置高于集热器的保温水箱。当集热器里的水吸收太阳辐射能温度上升时,水的密度减轻而升到贮水箱的上部。这时,贮水箱下部温度较低的水,密度较大,就由水箱下部流到集热器的下方,受热又上升。这样不断地往复循环,将水加热。循环式热水器分自然循环(图 5-5)和强制循环(图 5-6)两种。

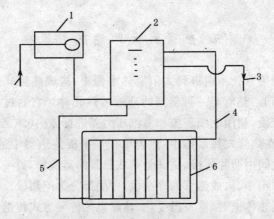

图 5-5　自然循环式热水器

1. 补水箱　2. 循环水箱　3. 热水出口
4,5. 循环管路　6. 集热器　7. 进水管

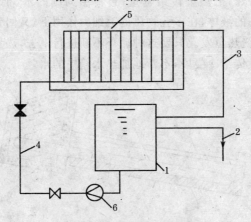

图 5-6　强制循环式热水器

1. 循环水箱　2. 热水出口　3,4. 循环管路
5. 集热器　6. 水泵

(三)热管式太阳能热水器

把热管技术引进到太阳能热水器中,构成热管式热水器(图 5-7)。热管是一种新型的高效传热元件。它通过相变进行热交换,利用毛细现象和蒸汽压力差进行传热(详见热管资料)。在热管式热水器中,热管取代了平板集热器中的排管,相互之间由肋片连接,这部分构成热管的蒸发段,另一端插入保温水箱中,构成热管的冷凝段,中间部分为绝热段。当阳光照在集热体上时,蒸发段受热,热量以热传导方式传给管芯内工质,工质吸热蒸发,蒸气带着气化潜热,在蒸气压力作用下,流向冷凝段。在冷凝段,蒸气凝结成液体,进入管芯,同时放出冷凝潜热,把热量传给管壁,再传给周围的水,把水加热。进入管芯的液体,在多孔物质的毛细力作用下,又回到了蒸发段,继续受热蒸发。只要这种循环不断进行下去,热量就不断从蒸发段传给冷凝段,不断地加热水箱中的水。

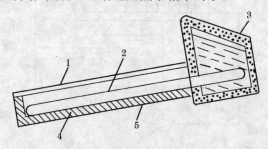

图 5-7　热管式太阳能热水器

1. 玻璃盖板　2. 热管　3. 保温水箱　4. 隔热层　5. 外壳

根据热水器倾斜放置使用的情况,即蒸发段位置低于冷凝段,可以去掉管芯网,形成重力热管。这样简化后,使热管式热水器的造价大为降低,其成本接近传统热水器。

热管式热水器具有单向传热性能,可防止保温水箱中的热量经热管传出。此外,它还具有热容小,启动快,热损失小,集热效率高、防腐、防冻等优点。是一种有发展前途的太阳能热水器。如果外部套上真空玻璃管,并配上聚光器使用,就更能显示出其优越性来。

(四)太阳能热水器的管路设计

1. 管路设计的原则

对太阳能热水器的压头损失进行了理论分析和计算。并且从理论和试验方面证明排管内流量分布的不均匀性。为减少压头损失和流量分布的不均匀性,在管理设计上应遵守以下几项原则。

(1)**等程原则**   在并联管路中,为防止偏流式短路现象(图 5-8)发生,必须遵守等程原则(图 5-9)。

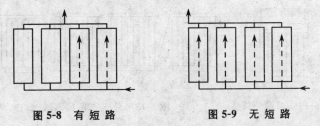

图 5-8 有 短 路   图 5-9 无 短 路

(2)**尽量短原则**   热水器的管路布置,应尽可能短,一则节约材料,二则可减少流体阻力。

(3)**等寿命原则**   目前,有些太阳能热水器管路中,上下循环管与水箱、集热器的连接,采用橡胶管连接,当时安装比较省事,但寿命较短。一般使用1～3年,因橡胶老化失去弹性而降低了密闭性,出现滴水、漏水现象。

(4)互换性原则 太阳能热水器零部件的安装组合,要有互换性,以利于生产、组装和维修。有些零部件由于功能不同、材料不同、寿命不同,连接方式也不同,有可拆卸连接和不可拆卸连接之分。换句话说,零部件生产要标准化。

2. 集热器管路设计

(1)外接与内接管路的设计 目前国内集热器通常皆为外接形式,见图5-10。这种结构对于多台并联还可以(图5-11),而对于单台或多台串联,外露管路较多,既浪费材料、增加成本,又加大热损和维修工作量(图5-12,图5-13)。

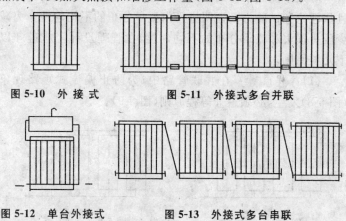

图 5-10 外 接 式　　　　图 5-11 外接式多台并联

图 5-12 单台外接式　　　　图 5-13 外接式多台串联

若改为内接式,则系统的工作性能可大大改善(图5-14,图5-15,图5-16)。

从图5-14与图5-12和图5-16与图5-13的对比中,可见内接式比外接式外露管路大大减少,管路长度缩短很多,也节约了材料。保温材料,保温工作量、安装、维护工作量也相应减少了很多。

根据实际需要,内接式也可组成并、串联形式(图 5-17)。

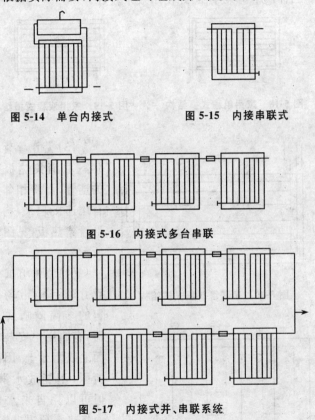

图 5-14　单台内接式　　　　图 5-15　内接串联式

图 5-16　内接式多台串联

图 5-17　内接式并、串联系统

(2)横排管管路设计　国内外现行的管板式集热器,其吸热排管都为纵向排列,适用在高度不受限制的场合。如果想应用在阳台栏板上,其高度受到限制,则排管很短,而联管很长,联管与排管之间的接头就多,这样的结构就成问题了。为此,需将纵向排管改成横向排管结构,图5-18,图5-19,图5-20三种横结构集热器,经使用效果较好。

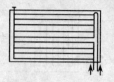 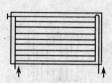

图 5-18　家用单程式横结构　　图 5-19　家用双程式横结构

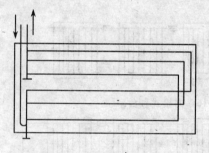

图 5-20　串联管双程式横结构

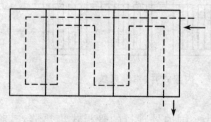

图 5-21　蛇形管集热板

(3)无连管管路设计　取消集热板两端的连管,而将相邻排管首尾连接起来,构成蛇形管集热板,见图5-21所示。

(4)顶水方式管路设计　目前市场上销售的多筒闷晒式热水器,有的用户安装在地面上或阳台上,因高度所限,不能放水淋浴。但可以用自来水作动力将热水顶出淋浴(图5-22)。在使用中发现,若下连管与集热圆筒在同一平面,以轴向进水,由于自来水压力大,进筒的管径小,易使冷水与热水混合,则影响热水器的使用。建议用下面两种办法解决:①将插入集热筒的接管端部封死,从径向开孔进水(图 5-23)。②将连接连管和集热筒的支管,从筒的径向接入。这样自来水的动力便转变成静压力,将热水顶出,而不会发生冷、热水混合现象,确保热水得到充分利用。

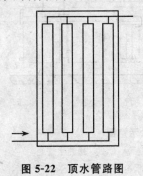

图 5-22　顶水管路图

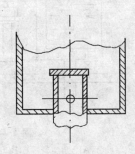

图 5-23　封闭阀

3. 太阳能热水器系统管路设计

(1) 集热器组合管路设计　建议采用"并联—串联"组合的连接方式,每级中并联集热器一般不宜超过 10 个,再将3~5 级并联集热器串联起来;大型系统的串联级数还可适当增加,为避免大型系统中并联台数和串联级数过多,可以布置成完全独立的几个阵列,由同一水源供水,产生的热水也向同一蓄水箱排放。不要采用全部并联的组合形式,因其流量分布不均匀会使效率降低,并且并联集热器组合对辐射、气温、风速等短暂波动过分敏感,这对于实际使用是不利的。

(2) 房顶水柜供水方式管路设计　为了千家万户能使用上太阳能热水器。目前,由单位在房顶安装太阳能热水系统有两种方式。一种是集中式,将大面积热水器制取的热水集中起来,再通过管道分送到各家各户,这种方式类似于通常集体单位使用方式。只不过是将热水管分别通入各家各户而已。另一种是分散式,每户一套热水器。下面只介绍第二种方式,如图 5-24 所示。

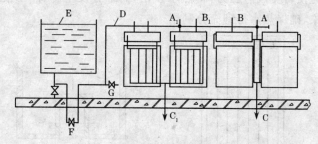

图 5-24 供水示意图

A,A_1. 防空管 B,B_1. 排气溢流管 C,C_1. 送热水管线

D. 供水管 E. 水柜液面

水柜供水方式说明如下:①水柜每日早上由水泵将水灌至最高水位,并自动停机。②供水管 D 标高低于水柜液面 E,以利于向热水器供水。③热水器排气溢流管 B、B_1 略高于水柜液面 E,则热水器水满后,不会溢流出来,故不需人工控制。④白天及上半夜,由于居民用水,水柜液面 E 一般都低于 D,故当热水器中的热水因使用,其水位下降后,水柜冷水也不会进入热水器。⑤A、A_1 为防空管,用于破坏虹吸作用,防止各热水器之间因水位不同而产生串水现象。⑥C、C_1 是送往各户的热水管线。⑦F 阀门,用于防止冬季夜间水柜冷水进入热水器,而冻坏集热器。故冬天每日晚上将阀门 F 关死,白天用时打开。⑧设置一个接管并装上阀门 G 和胶管,以便冲洗玻璃。⑨图中 A、B、C 为外接式循环系统,A_1、B_1、C_1 为内

接式循环系统。

(3)自来水供水系统设计 有的建筑无水柜供水,只有自来水供水,如图 5-25 所示。

(4)悬挂式系统设计 单元式楼房住宅,热水器装在楼面,既管理不便,又无法进行热水计量。阳台栏板式热水器,水箱在上一层,也存在维护难的问题。为此设计了一种悬挂式太阳能热水器,适合在城乡各种住宅南墙或阳台上安装,如图 5-26,图 5-27,图 5-28 所示。

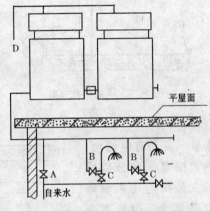

图 5-25 供水系统示意图

A. 为自来水供水阀门 B. 热水阀门

C. 为冷水阀门 D. 为排气溢流管

(5)阳台洗浴间方案设计 目前的多层单元式住宅,大部分卫生间在北侧,悬挂在南方的热水器冷热水管,必须通过 1~2 个房间。既要打洞、又影响室内美观,为此设计一种新方案(图 5-29)。考虑上层楼板对下层

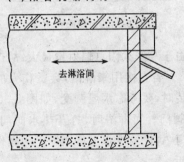

图 5-26 南墙方案

采光板的遮阳,采用奇数层和偶数层洗浴间错开设置的办法

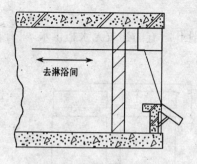

图 5-27　隔墙阳台方案

来解决。该方案还可利用浴室南、西垂直采光面收集太阳能，为浴室加热，以解决早春、晚秋水热、室温低的矛盾。

4. 水温、水位控制系统设计

（1）定温装置控制水温　目前有电磁阀、热力变量阀和波纹阀等三种阀门用来制取定温热水。但皆需要当地自来水有一定的压力，才能正常工作。

（2）冷水调配水温　热水器大多为自然循环方式运行，在采光

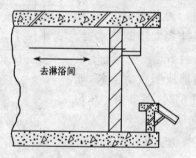

图 5-28　南墙阳台方案

面积与水箱匹配条件下，由于夏季太阳总辐射量最大，故产生的热水大都在 50℃～60℃。若直接用来淋浴，会烫伤人的皮肤。为此，在管路设计安装时，要考虑水温调配，如图 5-30 所示。图中，A 为水箱供水阀门。当淋浴时，打开热水阀门 B；若水温太热，也可打开阀门 A，供给冷水进行调配。为操作方便，A、B 两阀门应尽量靠近。

（3）提高水温　在早春、晚秋季节或多云天气，水温往往达不到 40℃，为提高水温，可将水箱水量减少，或者增设辅助

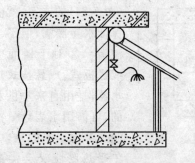

图 5-29　阳台洗浴间方案

热源(如电加热器等)加热。虽然消耗了一点电源,但可使只差几度的温水变成可用的热水,从而解决了受天气影响的问题。下面介绍两种水量可调的水箱。在第一种水箱中(图 5-31),安装一高一低的两根上循环出口管 A、B 和高度不同的两根溢流管 E、C。当太阳辐射强时,关掉阀门 C,这时溢流管 E 起作用,热水器按常规运行。而当太阳辐射

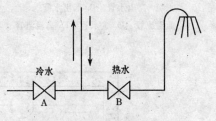

图 5-30　水温调配

弱时,打开阀门 C,则水箱灌满 1/3,这时 A 管已露出水面不起作用,B 管成为上循环出口管,继续循环运行。在第二种水箱中,安装一套浮球软管装置(图 5-32)。不论水箱中水位多高,软管的管口始终悬浮在水的上层,系统均可正常运行。用户可根据季节或天气情况,随时调节水箱的盛水量。并且,开阀门用水时,总是先放出水箱上层的热水。因此,该水箱的另一特点是,可随时取用热水。

(4)水位控制系统设计　热水器在使用过程中,溢流水泼洒,既浪费又影响同楼下一层邻居的关系。再者热水用到最后不知有无,有时刚打上肥皂,热水没有了,弄得十分狼狈。为此,可采用以下方法。①楼面上用水柜供水时,采用上述

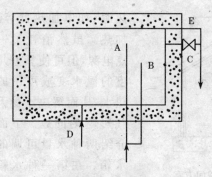

图 5-31　水 箱 1

A. 高出水管　B. 低出水管
C. 低溢流管　D. 进水管　E. 高溢流管

（图 5-24）的方案，就能保证水箱灌满，但不会溢流。②对于楼面上或栏板式、或悬挂式热水器，是用自来水供水的，可借用水表计量控制。考虑水箱的水，中午受热膨胀又会溢流一点，开始少灌 1～2 升，或灌满后再放掉一点即可。③条件允许，可将溢流管接入卫生

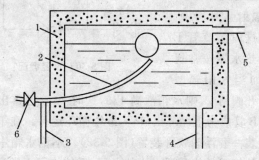

图 5-32　水 箱 2

1. 保温层　2. 浮球软管　3. 上循环管
4. 下循环管　5. 排气管　6. 用水阀门

间冲洗水箱中，让溢流水得到利用。④设计安装水位计，如图 5-33 所示。但这种系统水箱必须在同层建筑天花板下，才可使用。这样向水箱注水或洗用热水皆一目了然，使用也十分方便。⑤为控制水箱水位，也可装设一套浮球阀。

　　在实际工作中，热水器的类型往往又根据集热器的结构

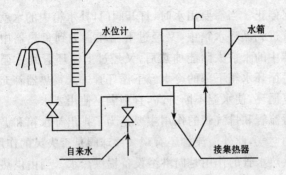

图 5-33　水箱水位计

来划分。目前应用较为普遍的是管板式、扁盒式,此外还有瓦楞式、扁管式、真空管式等多种类型。近年来又研究出一种热效率较高的铝翼式太阳能热水器。

太阳能热水器的研制推广速度是比较快的,今后还会出现许许多多不同类型的热水器。我们应用太阳能热水器时,一定要结合当地的条件和使用对象,适当选择,不断有所创新。

5. 热水器系统

一般在单位集体使用的太阳能热水器,大多是循环加热式或一次加热式热水器。这两种热水器,基本上由集热器、贮水装置、循环管路、控制装置、供水装置及其支撑固定装置构成。如果改变其某一主要装置的结构和布局,就可形成不同的太阳能热水系统,其目的是为了适应各种不同的使用条件。下面就典型系统作一介绍。

(1) 典型的自然循环太阳能热水系统　在此系统中,自然循环主要由集热器、循环水箱、上循环管及下循环管来完成的。热水器的工作过程是:由水源来的冷水经进水管送到补水箱中。当补水箱中的水达到一定深度时,靠浮球阀的作用使进水停止。当需要用水时,打开阀门,补水箱中的水就经过补水管进到循环水箱中,又经过下循环管进到集热器中。当集热器中的水被太阳能加热后,又经过上循环管到达循环水箱中。循环水箱下部的冷水经下循环管进入集热器补充。这样反复循环,使水温不断升高,直到满足使用要求。

溢流管和排气管的作用主要是为了排出补水箱和循环水箱里的空气,此外溢流管还有观察浮球阀是否失灵的作用。

供热水管的作用是向淋浴设备提供热水。当由供热水管提供的热水温度超过使用要求时,可以利用供冷水管引来补水箱中的冷水与热水混合使用。副供热水管的作用是,打开阀门,可以把循环水箱里的热水用尽。

此热水系统的特点是,结构简单,运行安全、可靠,维修方便,不需要辅助能源,对管理人员在技术上无特殊要求。但这种循环水箱比较笨重,并高架于集热器之上。这就要求必须从建筑结构设计方面考虑屋顶承重问题。这种系统一般适用于集热面积几平方米到几十平方米的中小型热水器系统,并以非全天集中用水情况下效果为最佳。

(2)自然循环定温放水系统 在自然循环热水系统中,循环水箱与集热器的水温差是保证循环系统工作的一个主要因素。随着水在集热器里不断地加热,循环水箱里的水温也不断提高,逐渐缩小了与集热器内的水温差,从而使循环流量减少,降低了热效率。

为了提高系统的热效率,采取定温放水是改善循环条件的一个好的方法。这种方法是使热水箱内的水逐渐升高到一定温度值时,水便自动流入贮水箱内贮存。同时,循环水箱内相应地补入冷水使水箱与集热器中的水温差提高。从而加快了循环,提高了热效率。一般情况下,若集中使用热水,采取定温放水方法,可多产热水 1 倍左右。

实现定温放水的控制装置种类很多。在这里介绍一种方法:在供热水管下端串入电磁阀,电磁阀的启闭由电接点温度计控制。温度计传感器的端头固定在循环水箱上部出口附近相同的高度上。当循环水箱出口处水温达到预定的温度上限时,温度计的温度指示触头便与上限触头相接,通过中间继电器 JZ,向电磁阀通电,使阀门打开,将水放入贮水箱贮存。紧接着由补水箱向循环水箱补入冷水,水温下降。降到预定的下限时,温度计的温度指示触头与下限触头,接通另一个中间继电器,阀门因切断电磁阀电源而关闭,放水停止。

采取定温放水方法,使得位于集热器上的循环水箱不再兼有贮存热水的作用,因而体积可以缩小些,同时使水温更快地达到规定的温度。贮备大量热水的贮水箱,位置可以放得低些。若集热器、循环水箱设在屋顶时,则贮水箱可放在室内(但要高于淋浴设备),从而减小了屋顶的荷载,使系统布局处置更灵活。

由于定温放水需要控制设备,故不仅需要辅助能源,也影响了系统运行的稳定性和可靠性,给管理、维护带来麻烦。此外,由于电磁阀要有一定的压力才能关闭严密,所以贮水箱既要低于循环水箱一定的距离,又要高于用水设备之上,因此安装时一定要注意。

(3)自然循环变流量定温补水系统 自然循环变流量定温补水系统,集热器和循环水箱的运行与自然循环定温放水系统完全相同。控制装置亦同于变流量定温放水系统。所不同的是,本系统的控制装置和启闭阀门安装在补水管上,用控制补水量的大小将达到一定温度的水从循环水箱上部压到贮水箱中贮存起来。

与自然循环定温放水系统相比，两者具有同样大小的系统热效率。只是本系统不再需要补水箱，也不需要特殊的安装条件。

　　(4) 变流量定温放水系统　在数百平方米的大型太阳能热水器上，若再采用自然循环的运行方式，就会遇到一些问题。如集热器的组合困难、上下循环管路增多、高架子集热器上的循环水箱太重等。为此，人们采用了强迫循环，一次加热，以温度来控制流量的方法，称为变流量定温放水系统。

　　该系统的运行过程如下：水依靠自来水压力进入水管，经ZAP 型双通电动调节阀 M，由进水管送到集热器。水在集热器加热后，由热水管送到贮水箱中。系统的控制方式是靠安装在最后一组集热器出口的温度传感器，通过电接点压力式温度计 T，将感受到的温度在电接点压力温度计内进行比较。当感受到的温度超过上限值时，温度指示触头和上限位触头接通，输出信号，控制电动调节阀，将阀门开大。增加流量。当感受到的温度小于下限值时，温度指示触头和下限位触头接通，输出信号，控制电动调节阀，将阀门关小，经这样的控制，使由集热器输出的热水保持在一定的温度范围内。此温度范围是控制在满足使用要求下的最低温度。因为集热器的效率与水温有关，水温越低，热效率越高。本系统就是利用这一特性，使集热器出口温度控制在某一值上，而入口温度始终维持着自来水温。当出口温度限制得较低时，可望获得较高的系统热效率。

　　系统中增加一个循环泵有很多作用。可以提高系统效率。打开阀门 9 和 11，关闭阀门 12，启动循环泵，集热器内水流处于湍流状态，因而可提高热效率（循环泵选用 3～6 厘米的普通离心式泵）。

变流量定温放水系统用于大型太阳能热水系统工程有以下的优点:布局灵活,系统结构简单。除了循环水箱不必高架于集热器之上,所有集热器也可分散在几个地点,通过管道用串联或串、并联方式,组成一个一次流动系统。没有繁多而粗大的循环管,也不需要循环水箱和补水箱。

此系统同样因为需要控制装置,在一定程度上增加了管理工作量。系统运行的稳定性和可靠性在很大程度上取决于控制设备的质量。

6. 热水器的总体设计及布局

(1) **总体设计的任务**　一是根据用户的要求和条件选定热水器的规模和系统的类型。二是结合热水器安置场地和条件,设计好整套装置的布局,选择好附属设备。

(2) **热水系统的选择**　一般情况下,集热面积比较小的热水器(50平方米以下),在有自来水的条件下,应重点考虑选取典型的自然循环热水系统。特别是非集中用水,如浴池、理发店、饭店等,更宜采用这种系统。

如果需要较大的集热面积,而安装场地很小,又有一定的管理能力时,可考虑选取自然循环定温放水系统及自然循环变流量定温补水系统,以保证既可缩小集热面积,又不影响使用效果。

如果是集热面积几百平方米的大型热水器,应尽量选取变流量定温放水系统。

(3) **集热面积的计算**　集热器的使用面积,就是热水器的集热面积。集热面积的选取,可通过公式计算进行。

$$S = \frac{GW}{Q}$$

式中:G——供水标准;

W——用水人数;

Q——热水器产生水量;

S——集热器使用面积。

为了满足人们的使用要求,保证用水,在设计的基础上,要相应地增大集热面积(对于几十平方米的热水器,可增大1/4左右。对于几百平方米的热水器,可增大1/8左右)。

(4)循环水箱、贮水箱的容积 根据集热面积大小来配置循环水箱和贮水箱,在一般情况下,循环水箱容积不宜过大,否则会影响春、秋季节的使用效果。也可将水箱分成两级,在夏天时使用2个,到春、秋季节时使用1个,以保证用水温度。

定温放水和补水系统贮水箱的容积,可按集中使用热水方式循环水箱容积的1.6~2.4倍来考虑。例如,100平方米集热面积的热水器,贮水箱容积为16立方米至24立方米。

(5)各主要装置的布局和选择 ①集热器的组合。组合方式有串联、并联和串、并联等。②集热器的设置。集热器的朝向最好面对正南,如场地条件不能满足要求时,也可偏移15°。同时,要注意不可放在风口上,以防热量损失,也不可放在有烟尘的下风场地,以免污染集热器,影响对日光的吸收。集热器可放在屋顶上或开阔的地面上,有条件时最好结合屋顶设计成一个整体。集热器的倾角,要根据使用时间和地区纬度而定。一般如需全年使用,应用当地的纬度为倾角。如以夏季使用为主,可照当地纬度数减少10°。③集热器与循环水箱的高差主要目的是为了获得一定的压力。高差要选择好,高差太小在夜间会使贮水箱中的热水侧流,高差太大使安装费用增多。④控制装置的选择。⑤循环管路的选择。⑥辅助设施。典型的自然循环热水系统所提供的水温不是恒定的,往往超过所需温度。故在使用时,要有冷水混合。注意冷水管不能从水源直接引出,要从补水箱引出,这样水压相同,调节方便,节约用水。

7. 热水器的安装和维护

(1)热水器的安装 首先应满足总体设计提出的技术要求。此外,还应注意以下几点。

①注意防爆 为了防止安装集热器时玻璃破碎,应在集热器安装就位后再装玻璃。如在炎热的夏季安装,应将热水器系统充分循环,以免吸热板过热,密封后玻璃发生炸裂。

②注水试压 集热器在安装玻璃前,应进行水压试验(在1.5倍的工作压力下,不漏不渗)。

③注意密封 在安装玻璃时,应注意使边框留有余地,以防玻璃因热膨胀引起受压而破裂。玻璃的连接以顺水搭接为宜,但必须在搭接面上刷黏接剂使之结合严密。

④防潮 保温层在安装过程中,不要让它受潮,在雨季尤其要注意。

⑤注意密度 在使用散装保温材料时,注意其密度要适当,以保持其疏松多孔的特性。

⑥注意防渗 热水器的整套系统在安装时,必须连接严密。安装完毕后,要仔细检查,防止渗漏。

⑦安装基础牢固 热水器的安装基础必须牢固,要有良好的抗风性。

⑧做好保温 在安装上下循环管、热水管,热水箱时,要进行保温处理。

(2)注意事项 为保证热水器发挥其正常的工作效率,应注意以下几点。

①用前检查 太阳能热水器在刚开始使用时,应先关闭所有水箱管道上的泄水阀门。然后充水检查,待没有渗漏后,方可开始正式使用。

②保持清洁 应经常清洗集热器透明盖板的外表面,保持清洁,以免降低吸热效果。

③防止渗漏 热水器使用一段时间后,应注意检查盖板,边框等衔接部位,看是否露有缝隙。如发现后要及时采取措施封闭。

④防止堵塞 热水器在使用一定时期后,应进行全面清洗以防止水箱、管道内沉积污垢,堵塞管道。同时,也能保证水质的清洁。

⑤注意防冻 在冬季停止使用时,应将热水器内部的水排放干净,以防冻裂。春初、晚秋的夜间也有可能上冻,故日间用水完毕需关闭水箱下部阀门,排去集热器内的水,并在其外表面盖上保温材料(如稻草帘、棉毯等),以防气温骤降,损坏设备。

⑥注意控温 使用时应注意控制热水器的水温不超过65℃,以免水垢的产生。

⑦注意水位 使用时还应注意,循环水箱内水面不低于规定标高。水位过低时容易使上升循环脱空,造成整个系统停止循环。

(五)供 暖

1. 概 述

(1)太阳能供暖的作用及可利用性 今后,人类在大规模利用太阳能的实践中,太阳能在建筑方面的应用被认为是比较广泛的,也是在短期内即可见效的。

①作用 建筑物耗用的能量(主要用于供暖)在整个能量消耗中占有较大的比重,有的国家竟达 1/4 左右。因此,如果能够利用太阳能解决这其中的一部分能源,所节约的燃料将是极为可观的。

②可行性 太阳能利用于建筑所要求的工艺技术比其他大规模利用太阳能(如发电)的工艺技术要容易一些,一般来说,不存在着技术上的障碍。

(2)太阳能供暖的优点 利用太阳能供暖,是一项值得推广应用的技术。归纳起来,有以下几条优点。①使用效果明显,经济效益显著。②可以节约大量常规能源,缓和常规能源短缺和经济建设发展需求的矛盾。③减轻环境污染。④保护生态平衡。

总之,利用太阳能为建筑供暖虽然是一项新技术,还没有被人们充分认识,但它却以蓬勃的生命力展现在人们的面前。特别是边远地区及缺少取暖用能的地区,利用太阳能为建筑供暖,更有着很大的实用意义。

2. 太阳能供暖房的设计知识

(1)基本要素 在任何太阳能采暖系统中都包含 5 个基本要素或叫组成部分:太阳能集热器、贮热器、分配器(或叫分配系统)、辅助加热器(或叫辅助热源)和控制器。

为了利用太阳的能量,必须先"收集"、"贮存"起来,然后在适当的时候将其"分配"出来,这一过程必须加以"控制"。而当获取的或贮存的太阳辐射能量不能满足采暖负荷的时候,则须由"辅助热源"来补充解决。

(2)太阳能集热器 太阳能集热器有 2 类。

①集热器 建筑物本身作为太阳能集热器:加设玻璃的朝南的建筑构件作为太阳能集热器。

②集热板 集热板(或管)作为太阳能集热器:它是附在建筑结构上的独立的太阳能金属构件。

(3)贮热体(器)

①热体 建筑结构贮热体。

②热器 圆筒水贮热器。

③热仓 岩石贮热仓。

(4)分配系统

①贮热体分配方法 建筑结构贮热体的分配方法是将贮存在建筑构件中的热量以辐射、对流和传导的方式直接传递到采暖的房间中去。

②贮热器的分配方法 圆筒水贮热器的分配方法。贮存在圆筒中水的热量,以水循环到对流风机、板式散热器或地板下盘管的方式,传递到采暖房间中去。

③贮热仓的分配方法 岩石贮热仓的分配方法。贮存在岩石仓内岩石中的热量,以空气通过对岩石仓至采暖房间之间风道的方式传递到采暖房间中去。

3. 太阳能供暖基本方式

(1)被动式 所谓被动式,就是根据当地气候条件,依靠建筑物本身的构造和材料的热工性能,使房屋尽可能多地吸收和贮存热量,以达到使用的目的。其特点是构造简单,造价低廉,易于推广。

被动式太阳房从太阳热利用的角度,基本上可分为 4 种类型。

①直接受益式　利用南窗直接照射的太阳能。

②集热贮热墙式　利用南墙进行集热贮热。

③综合式　温室和前两种相结合的方式。

④屋顶集热贮热式　利用屋顶进行集热贮热。

(2)主动式　主动式就是利用集热器、贮热器、风机、泵以及管道等设备来收集、贮存、输配太阳能。由于该系统比较复杂，造价也较高，因而不适宜一般的民房采暖，而多用于公用建筑的供暖。

主动式供暖系统可以使用两种不同的传热介质来输配接收的太阳能，这两种传热介质一为水，另一为空气。

4. 太阳房的设计

(1)太阳房集热面积的确定

第一，计算全年获得的能量 W

$$W = I\eta\eta_0 A$$

式中：W——集热面积

　　　I——太阳辐射量；

　　　η——集热器的热效率；

　　　η_0——有效利用率；

　　　A——集热器的有效集热面积。

第二，确定采暖期间获得的能量 W_0

$$W_0 = I_0\eta\eta_0 A$$

式中：I_0——采暖期间的太阳辐射量。

第三，求太阳保证率 f：在全年的采暖期中，太阳供给的能量 W_0 同采暖期间所需的总能量 Q 之比，称为太阳保证率 f。

$$f = W_0/Q$$

f 是设计和评价太阳房的一个重要参数,它可以直接反映太阳房的热工性能和经济指标。取值范围为 0.6~0.8。

　　第四,计算有效集热面积:

$$A = fQ/\eta\eta_0 I_0$$

　　式中各值可用下列方法求出:

　　①I_0 值可以从当地的气象资料中查找。

　　②对于采暖所需的能量 Q,也就是房间的热损耗,可由下式来概算:

$$Q = KFYDT$$

　　式中:K——围护结构的总传热系数(千焦/米^2·时·℃);

　　　　　F——围护结构的散热面积(米^2);

　　　　　Y——冷风渗透量;

　　　　　D——度天数;

　　　　　T——每天采暖时数。

　　式中 K 按下式计算:

$$K = \frac{1}{\frac{1}{an} + \Sigma\frac{\delta}{\lambda} + \frac{1}{a\omega}}$$

　　主要围护结构的 K 值也可直接从有关建材材料上查找。

　　冷风渗透量 Y 可按下式进行计算:

$$Y = CVnr_w$$

　　式中:C——空气的比热,标准状态下为 0.24 千焦/千克·℃;

　　　　　V——房间的换气次数(次/小时);

　　　　　n——房间的换气次数(次/小时);

　　　　　r_w——室外空气的密度(千克/米^3),(在℃,标准大气压下,空气的密度为 1.29 千克/米^3)。

度天数 D 是采暖期间每一天的室外平均温度与室内设计温度之差的累计值。该值乘上每天采暖时数 T,就成为计算热损耗的一个重要数据为度时数。

式 Q = KFYDT 特别适用于地下建筑物采暖所需能量的计算,对于地面建筑,还需要减去由南窗所获得的能量,即 Q = KFYDT − $S_0 I_0$。式中 S_0 为南窗面积。

由以上诸式可得,太阳房的有效集热面积为:A = f(KFYDT − $S_0 I_0$)/$\eta \eta_0 I_0$。对于利用热水器采暖的太阳房,n 值可在 0.4~0.5 选取;利用空气集热器采暖可在 0.3~0.4 取值。被动式太阳房的集热墙,当然也可以看成是一种空气集热器,但它的 η 值一般在 0.2~0.3 选取。

(2)最佳保温厚度的确定 在设计太阳房或将原建筑建成太阳房时,必须采取适当的保温措施。太阳房外围护结构的保温性能越好、保温层越厚,则年供暖成本越低。但保温材料耗量增大,即年保温成本增加。因此,要对保温措施进行技术经济分析,以确定最佳保温层厚度。所谓最佳保温层厚度是指当保温层厚度达到此值时,年供暖成本和年保温成本之和——即年总费用最小。

(3)集热墙通风口的确定 被动式太阳房集热蓄热墙设置通风口时,风口的面积 A_f 一般可按下面的经验公式求得:

$$A_f = F_1 + F_2$$

式中:A_f —— 集热贮热墙面积(米^2),

F_1、F_2 —— 进风口、排风口面积(米^2)。

风口面积 A_f 的大小,与太阳能保证率的大小也有一定关系。如果太阳能保证率小(如太阳能保证率为 60%)则风口面积与集热贮热墙面积之比可以取大些,A_f/A 可达到 0.03。

为防止夜间室内空气的倒流,还应在上、下风口处装上塑料薄膜,当空气倒流时可自动关闭。

(六) 校 舍

1. 目前农村中小学校舍的现状

我国北方的农村,大多属中温带大陆性季风气候,太阳辐射率高,日照丰富,冬季漫长寒冷,夏季短促凉爽,降雨集中,雨热同季,年平均气温 $-2℃\sim-5℃$,年日照时数为 2 700～2 950 小时,日照率为 65%,冬、春风大干燥雪雨少,采暖期平均气温 $-12℃\sim-19℃$,最冷月平均气温 $-17℃\sim-24℃$,极端最低最低气温 $-45℃$,全年取暖期为 180～210 天,度天数分别为 4 320℃～4 892℃。采暖期间占全年时间的 50% 以上。在这样气候条件下的农村、牧区有 95% 以上的中小学校舍取暖方式仍然是采用比较落后的"火炉"供暖。耗能多、热效率低、卫生条件差,室内温度冷热不均,近炉处热、远炉处冷,平均室内温度只能保持在 6℃～9℃ 的低温水平,大部分学生患了冻疮,严重地制约农村教育事业的发展,从而影响教学质量的提高。

2. 寒冷地区太阳能教室的研究

多年来,我国北方广大能源工作者一直从事"太阳房研究"项目,经过多年的试验和研究,在总结提高的基础上设计出了一种适合寒冷气候条件的被动式太阳能中小学教室。这种教室在没有任何辅助热源的情况下,室外气温在 $-26℃$ 时,室内温度可达 12℃～17℃,节能率达到了 100%,从而结束了寒冷地区农村、中小学教室取暖靠"火炉"的历史。一个宽敞、舒适干净、卫生的新型节能建筑在各地得到了广泛的推广应用。迄今为止,取得了显著的节能效益、经济效益、社会效益和生态效益。

（七）被动式太阳能中小学教室结构

1. 房址和方位的选择

被动式太阳房的位置直接影响太阳房的性能好坏和将来维护管理的难易,这是建造太阳房的关键问题。在冬季,太阳辐射能量的 90% 集中在上午 9 时至下午 3 时这段时间内。因此,在选择太阳房的位置时应注意到周围的环境,在其周围不应有大树、高层建筑物遮挡阳光,否则将严重影响太阳房的采暖效果。太阳房的最佳方位,往往认为是正南,这样在冬季可以获取大量的太阳辐射能,这是不对的。太阳房的方位要根据它的使用功能来确定,不同的使用功能,就有不同的方位(朝向)。通过实践证明,小学太阳能教室每天上午 9 时至下午 3 时为正常授课时间,放学后人走屋空,在其余 15 小时教室内温度可高可低,温度波动大些也不会影响正常使用功能。然而,我们注意到太阳房的室内温度白天因得热升温偏高,夜间因失热而降温偏低。被动式太阳房教室的这个温度梯度变化规律正好与农村、牧区、中小学的间歇使用功能相吻合。所以,太阳能教室的正确方位应是偏东 8°～5°。这样,在冬季可早些获得太阳辐射能,提前使房屋温度升高,同时又避免了夏季西晒。

2. 结构的选择及做法

被动式太阳能教室我们采用的是一字形南面开敞，东、南、北面封闭的南向、南窗、南入口"三南式"的设计手法。

(1)保温墙做法 主体采用的是 500 毫米厚空心复合保温墙，其做法是：①120 毫米厚砖墙，1∶1 水泥砂浆勾缝。②140 毫米厚散状珍珠岩保温层。③240 毫米厚实心砖墙。④20 毫米厚 1∶2 水泥砂浆面层。⑤喷大白两道。

(2)地面做法 ①干铺 60 毫米红砖。②30 毫米厚中砂垫层。③满铺塑料薄膜一层。④30 毫米厚中砂。⑤60 毫米厚炉渣层。⑥素土夯实。

(3)屋面做法 ①40 毫米厚草泥挂瓦。②80 毫米钙化麦秸。③40 毫米草纸。④柳芭一层。⑤檩条。⑥空气层。⑦200 毫米珍珠岩保温层。⑧塑料隔热层。⑨20 毫米×40 毫米木楞间距 200 毫米。⑩葵花秆。⑪水泥砂浆找平层。⑫喷大白两道。

(4)封闭式后廊 封闭式后廊，在公共建筑中后廊式较为普遍。为采光，能常在北墙开窗，而北窗冬春季节冷风渗透极度强，从而导致室内热损失过大，严重地影响了南向主要房间的室温。目前农村、牧区中小学教室的建筑形式多为南入口、南北对应窗。从节能角度分析，高寒地区冬春季节北窗在昼夜 24 小时均处于绝对失热状态。因此，必须严格控制其数量和面积。被动式太阳能教室首次使用封闭式后廊，东、西、北墙厚实无窗，保温性能良好，每个教室纵间内隔墙高有 1 200 毫米固定式单玻璃窗一樘与亮子窗一并为后廊采光，效果很好，为了满足室内通风要求，在每间教室南北隔墙上高处有可调式通风孔。外门安排在南侧居中，另设有两道门形成凹门斗,利用室内外这一过渡空间,减少了冷空气的侵入。

3. 太阳能采暖装置的设计

被动式太阳能中小学教室采用的是直接受益加空气集热器的组合形式,为了加强建筑物的整体性、稳定性,在窗间墙上未设集热器,充分利用窗下墙,将窗下墙做成与本地区纬度夹角相符的落地式砖砌空气集热器,为了提高集热、贮热性能,特将集热墙面做成砖砌花格式矿石热层,具体做法是:①3毫米玻璃层。②30毫米空气层。③3毫米玻璃层。④满涂无光黑漆两道。⑤30毫米水泥抹漆瓦楞面。⑥200毫米水泥砂浆找平层。⑦120毫米厚矿石热层(平面)。⑧为加速热空气间室内流动墙上、下部设有风口(图5-34,图5-35)。

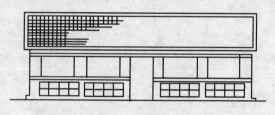

图 5-34　太阳能教室示意图

4. 发展前景

被动式太阳能中小学教室以显著的节能效益、经济效益、生态环境效益,得到了广大用户的交口称赞,其独特的造型,冬暖夏凉的特点,宽敞明亮,干净卫生的舒适条件唤起全社会人们对新能源的认识,提高了节能意识,造福子孙后代。

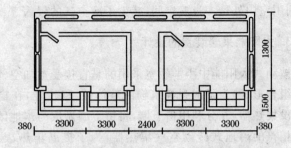

图 5-35　太阳能教室结构尺寸　（单位:毫米）

六、薪炭林树种介绍

在我国全面推动农村能源综合建设,就要大力发展以薪炭林为重点的森林能源。薪炭林是可再生的生物质能源,是世界公认的洁净能源,有利于环境保护和社会持续发展。森林能源是我国传统能源,薪柴是我国广大农村和小城镇群众的主要生活燃料,具有成本低,见效快,一年投入多年受益的特点,是广大农村,特别是丘陵、山区一种无法替代的常效能源。发展森林能源既是解决农村能源短缺,改善人民生活条件,推进农民生活质量的需要,又是保护和发展森林资源,改善农村生活环境,促进村容整洁,推进农村各项建设持续发展的需要。

(一) 杨 树

1. 杨树的生态学特性

杨树所有生态因子变化幅度都很大。有些杨树抗寒,能忍耐严寒和冬旱,但怕晚霜和早霜。这些种生长期较短,枝条能及时木质化,叶片很早变黄脱落。按杨树的树性来说暗叶杨占第一位,其次为山杨、西伯利亚杨和苦杨。这些种的自然分布为寒带和寒温带气候带。

天然生长在北半球南部的另一些杨树喜温(新疆杨、巴氏杨、钻天杨、阿富汗杨、胡杨),生长期长。

这些杨树不能忍受严寒,1年生枝首先受害,这种危害不会导致树木死亡,因为 1 年生枝下部的休眠芽和老枝上的休眠芽可发芽生长恢复树冠,但由于严寒,树木——特别是幼树,有时形成层受害或死亡。起初受害还不明显,春天芽子展开,枝条开始生长,但以后全树开始死亡,幼枝枯萎,形成层变成褐色,枝条失水。

这种危害有时在其他不耐寒的树种上也可见到。早春 3～4 月份,由于个别地方温度急剧变化(温暖的白天变成寒冷的夜晚)。通常树干部的形成层死亡,招致肿瘤病对树干的危害。

其余的杨树根据抗寒性可排列为如下的次序:香肠杨、黑杨、灰杨、银白杨、列宁格勒杨、欧洲大叶杨、朝鲜杨、马氏杨、柏林杨、加拿大杨和红脉杨。

杨树杂交种的抗寒性依亲本不同而变化,处于它们的中间状态。幼树(3～4 年龄)最怕冻。

杨树喜光,为了保证它所特有的强烈的光合过程,必须有充足的光照。但各种杨树对光的需要程度是不同的。树冠宽广,叶色浅的杨树较喜光。窄树冠和叶色暗的杨树对光需要较少。杨树在光照不足的情况下不会死亡。但强烈地影响着树冠的形成和生长速度。当杨树处在稠密状况时,个别树冠发出对光的竞争,种子起源或由不同无性系无性起源的树木表现出分化现象,一些树发育较好,一些树发育较差。但在这种情况下所有树生长都缓慢。

当用一个无性系的插穗人工密植时,分化现象往往表现较弱,而所有树木生长变慢,主干细,树冠很小。

对各种杨树进行的许多光周期效应试验表明,杨树对缩短昼夜光期的反应很强。在当白昼光缩短至 13～15 小时时,在不同的时期(1～2 个月)所有的杨树生长期都变短,生长停止,枝条木质化,叶变黄并脱落。

杨树与土壤湿度的关系,同其他生态因子一样,因树种而异。大部分杨树天然生长在河谷和溪谷,但这仅同其他种子和幼苗的生物学特性相关。所有的杨树都属于中生植物生态,而胡杨具有旱生植物的特性,属于旱生的生态型。

作为中生植物,杨树在土壤水分适宜、过剩、流水的条件下和土壤水分不足的条件下都能正常生长,在大气干旱和土壤暂时缺水时,叶片可暂时萎蔫。在生长期如果土壤长期缺水,可发现杨树被迫落叶现象(部分叶变黄或脱落)。

如果在中生立地条件类型下没有天然分布的杨树,那么在这样的条件下,完全可以人工栽培。

根据土壤肥力,土壤中无机盐和腐殖质的关系,在植物生态学上可分为:肥土植物——仅能在肥沃的土壤上生长、中土植物——能够在中等肥沃的土壤上生长和贫土植物——能够在无机盐和腐殖质非常贫瘠的土壤上生长。

杨树属于中土植物,在中等土壤上能正常生长和发育。当然在肥沃的土壤上生长量最大,它能够充分地表现自己的生物学能力,即在同样的条件下较其他树种生长快得多。

在森林带(如果不施肥),杨树在弱灰化土、中灰化土及腐殖质泥炭土壤上能很好地生长。

2. 杨树的生长特性

杨树是速生树种,我国只有泡桐等少数树种生长速度能超过它,这是因为杨树比其他树种的光合作用和分生组织能力强。各种杨树生长速度也有很大差异(表 6-1),这种差异主要决定于各种树种固有的生物学特性,也取决于外界环境条件。经过杂交所得的品种,因获得杂交优势,就能选择出生长超过双亲的品种。

表 6-1 几种杨树生长速度比较 （3 年生）

项　目	品　　　种							
	北京杨	群众杨	新疆杨	54 号杨	加拿大杨	加×青	银毛 1 号杨	青　杨
胸径(厘米)	6.7	5.3	5.0	5.3	5.3	6.7	5.0	4.3
高度(米)	5.70	4.55	5.20	3.80	2.80	5.70	5.00	4.50
材 积（立 方米）	0.015	0.009	0.008	0.010	0.009	0.015	0.008	0.005
材积生长比较(设青杨材积为100)	300	180	160	200	180	300	160	100

　　杨树各派中,胡杨派为小乔木,其他各派的树种一般都能成大材,各派中都有速生的优良品种。

　　杨树 15 年以前为高生长旺盛阶段,以后高生长速度很快减弱。粗生长 4～5 年后就逐渐加快,直到 30 年前,40 年左右就开始衰老。各派杨树生长又不完全一致,一般黑杨派前期(指 15 年以内)较速生,青杨派中期速生,白杨派比较均匀。

　　在一处生长年度,杨树的生长并不平衡,在甘肃省某些地区,根于 3 月中旬萌动,生根能力强的青杨派和黑杨派的插条插入土壤后,3 月下旬开始产生根原始体,4 月上中旬长出大量主根和须根。此时北京杨等树种,芽也萌动,并随即展开第一片叶片。黑杨派芽萌动和展叶比北京杨与青杨派迟 10～15 天,白杨派展叶时期略迟于青杨派。

　　杨树新梢在起初长得很慢,4～5 月份为缓慢期,每月生长量从几厘米到 40 厘米。7 月份前进入盛长期,盛长期约 1 个月,这 1 个多月的生长量相当于全年总生长量的一半左右。日生长量可达 3～4 厘米,平茬苗达 8 厘米。8 月中旬以后生长开始减缓,并陆续封顶。封顶最早的是黑杨派树种,加拿大杨于 8 月上中旬封顶。北京杨封顶较晚，在 9 月上旬或中旬。封顶最晚的有银毛 1 号杨、银毛 2 号杨，一般在 9 月中下旬。封顶后的特征只有直径生长和木质化。黑杨派树种幼苗第一年长得很慢，一般都在 1 米左右，第二年才迅速生长。现将几种杨树 1 年生苗的生长量作一比较（表 6-2）。

表 6-2　几种杨树 1 年生苗逐月生长量

| 品　种 | 发芽期
（月·日） | 封顶期
（月·日） | 生长期
（天） | 各月高生长量（厘米） | | | | | 全年生长量 | |
				5 月	6 月	7 月	8 月	9 月	高（米）	地径 （厘米）
北京杨	4.3	9.12	132	44	82	96	71	4	2.97	2.3
15 号杨	4.12	8.22	103	44	58	76	41		2.19	2.8
新疆杨	4.20	8.21	94	31	69	88	39		2.27	2.1
天毛杨	4.17	9.14	110	35	69	115	94	4	3.17	2.2
大官杨	4.8	9.3	118	37	55	81	67	2	2.42	2.1
合作杨	4.10	8.27	110	40	67	82	32		2.21	2.0
群众杨	4.11	8.26	108	39	53	60	29		1.81	1.9
加拿大杨	4.11	8.15	97	38	67	97	27		2.29	2.9
54 号杨	4.13	8.7	85	37	63	72	9		1.81	2.7
青　杨	4.2	9.10	130	37	56	68	32		1.96	2.4
沙兰杨	4.11	8.26	107	61	78	66	27	3	2.32	2.6

　　杨树的生长，能否发挥其生产潜力，则取决于外界环境条件。胡杨派是旱生型植物，能耐旱，需要较高的温度，但如果过于干旱，特别是夏季的干旱，就会形成小老头树，甚至死亡。

　　杨树根系活动旺盛，需要大量的氧气。因此，1～2 米深的流动状态中的地下水位和砂壤土或壤土是杨树生长的良好条件，即使土层较薄，也能很好生长。甘肃省康乐县苗圃地大多数是与河争地,都具有流动的地下水位和轻质土壤。所以,即使年生长有效积温在2268℃的情况下,当年生的北京杨苗可长到2.5米,1年生平茬苗可长到4米。相反,在水草滩等积水地方,因为十分缺氧,杨树不能正常生长。

杨树适宜的温度因树种而异。滇杨生长在具有准亚热带地方的云南、贵州,山杨生长在海拔3000米的高寒山区或北纬50°极北地区。但是杨树适应外界气温条件的能力很强,许多杨树在新的气温条件下经过区域驯化,能较快地改变遗传性,具有新的特性,成为该地区的栽培品种,这一点在引种方面具有很大的价值。欧美杨系列的树种原产地的气温是暖温带,如15号杨,在陕西省关中地区生长相当好,已成为主要乡土杨树之一,毛白杨更是这里的乡土树种。这些地方年平均温度10℃以上,无霜期200天以上;绝对最高温度达42℃。我们把这些树种引到年平均温度4℃~6℃,无霜期120~140天,绝对最高温度31℃的寒温带的甘肃省康乐,第一、第二年发生冻害,个别植株地上部分全部冻死,但经过几年驯化栽培,这些树种再未发生冻害,有的生长良好。经驯化过的植株上采下来的插条,已栽植在海拔2540米的地方,这些地方年平均温度只有3.5℃,虽然生长量较差,但能安全越冬。

杨树为阳性树种,比较喜光,在苗圃中插条密度每667平方米超过10000株,第二年后会产生严重分化。一部分生长在上部,高度较高,但直径生长大大下降,被压的部分颜色发白,木质化差,容易冻死,定植后成活率低。

大多数杨树的定植,若采用2米×2米以下密度,4~5年后就显出光照不足,位于林内植株直径生长显著下降,林缘树冠偏向有光的一边,造成歪斜树干。

杨树对肥力的要求也是不一样的,像北京杨、加拿大杨、

15 号杨等要求高水肥条件,肥力不足,生长会受到很大影响。小叶杨、山杨较耐瘠薄。但是,任何杨树,如果有充足的肥力条件,在一定的温度下,就能充分发挥生产潜力。我们在同一地区用 6 年生的青杨做了施肥试验,结果施肥单株高 8 米,直径 14 厘米。而未施肥单株高 5 米,直径 8 厘米(表 6-3)。

表 6-3　杨树施肥与不施肥生长对照

项　目	生长速度	树木编号										合计	平　均
		1	2	3	4	5	6	7	8	9	10		
直径生长(厘米)	施　肥	4.4	3.8	5.1	5.9	4.1	5.7	5.5	4.1	4.7	4.8	48.1	4.81
	未施肥	2.5	3.0	2.3	2.9	3.3	2.9	2.8		1.8	2.0	26.3	2.63
高生长(米)	施　肥	5.60	4.90	5.89	5.71	5.15		5.61	5.15	5.83	5.45	55.29	5.53
	未施肥	3.05	3.45	2.85	3.75	3.85	3.10	2.88	3.32	2.65	2.5	31.45	3.15

注:1. 观测杨树为 5 年生。2. 施肥树木每年 7 月份施氮肥 1 次。3. 每次施硝酸铵 250 克左右

大多数杨树,都易患心腐病,随着树龄的增大,心材逐渐腐朽,甚至中空,给木材带来了损失。山杨最严重,青杨在 20 年左右开始心腐。为了得到大径材,就要选育抗心腐病的品种,栽培实生苗,搞好立地条件的卫生等。例如,山杨是杨树中最好的纤维用材,国外已经培育出一种抗心腐病的名叫巨大山杨的新品种,从而满足纤维工业的需要。

3. 发展杨树的意义

杨树具有速生、适应性强、用途广、工艺价值高等特性,而且易于繁殖、易于产生新品种和定向培育。因此,杨树成为北

方地区的主要造林树种。

(1)**速生丰产** 杨树 5 年成椽,10 年成檩,20 年就能长成大材。例如,青杨 20 年生的胸径达 30～40 厘米,高度 20 多米,单株材积 0.5～1.2 立方米;5 年生的大官杨胸径 13 厘米,高度 8 米,材积 0.1 立方米;9 年生的加拿大杨胸径 20 厘米,高度 10 米,材积 0.2 立方米。而其他大多数阔叶树长成同样大小的材积就需 1 倍时间,松树类需 2～3 倍的时间,云、冷杉需 4～5 倍时间,甚至更长时间。

(2)**适应范围广** 世界上的杨树原种 110 多种,广泛分布在北半球温带的欧洲、亚洲和北美洲,在自然分布区从平地至海拔 3 000 米以下的高山均有生长。我国杨树原种有 30 多个,分布在自然条件极其复杂的全国各地,从北纬 25°～50°,东经 80°～134°,无论在平原、河滩、丘陵、山谷或高山均有杨树生长。有适应高寒地区的山杨,有适应较高温度的平原地区的毛白杨,有适应干旱黄土高原的河北杨,有适应水湿地区的加拿大杨,有能抗风沙的小叶杨,也有耐盐碱的胡杨等。各地可以根据自然条件,因地制宜地选择相适应的杨树种类。

(3)**易于繁殖** 杨树是最容易繁殖的树种。大多数杨树为雌雄株,5～6 年后开始开花结实,20 年以上的大树能生产千百万粒种子,可以播种繁殖。同时,杨树极易无性繁殖,其方法有插干、插条、埋条、分根、根插、嫁接等。如 15 厘米的 1 根插条用于繁殖,年年平茬,5 年后就可以繁殖 1 万～2 万株。如果采用单芽繁殖,所得的植株就更多了。

(4)**材质轻软、纤维含量高** 杨木材质轻软,纹理均匀,便于拼接,是很好的胶合板材料。同时,由于具有较好的韧性和弹性,加工容易,在制作家庭用具和农具方面具有广泛的用途。杨木的导管很细,适合于在热石蜡油中浸渍,燃烧时火焰比较均匀,是火柴工业最好的原料。杨树的纤维含量是木材中相当高的一种,一般超过 50%,而云杉在 45%上下。大力栽培杨树,生产更多高纤维含量的木材,能够较快地满足现代各种纤维工业的需要。

4. 杨树的分类

杨树在植物分类学中,系杨柳科杨属。杨属分为五派,最主要的是青杨派、黑杨派、白杨派,此外还有胡杨派、大叶杨派。现将其特性分别介绍如下。

(1)青杨派 青杨派的杨树,叶椭圆形,叶柄圆形。芽瘦小,含有大量胶质,很黏。芽和幼叶具有香脂气味。树皮长期光滑,青色,以后有裂缝(图 6-1)。

青杨派分布于温带或寒带,要求肥沃湿润的土壤。青杨是杨树中最容易繁殖的一派,无论种子繁殖或其他无性系繁殖法都行。

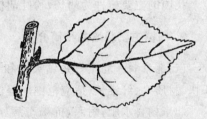

图 6-1 青杨派的芽、叶、幼枝形态(青杨)

我国青杨派的主要树种有青杨、小叶杨、波氏杨、小青杨、滇杨、四川杨、香脂杨、毛果杨、辽杨、苦杨、朝鲜杨、唐柳、玉泉杨等。

(2)胡杨派 胡杨派杨树,叶片变异很大,有的披针形如柳叶,有的广卵形,被称为“异叶杨”。叶革质。嫩叶、嫩枝上有细毛或白蜡层。树皮厚,有裂缝(图 6-2)。

分布于干旱的亚热带气候或接近于大陆性气候。对温度和光照的要求很高。能耐极度天气干旱,耐碱,耐水淹,甚至

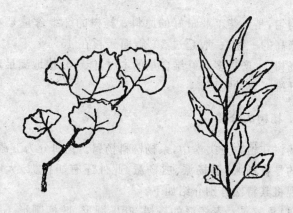

图 6-2　胡杨派生长枝上的两种叶形（胡杨）

能生长在含盐碱很重的土壤中。

我国的主要树种为胡杨、粉叶胡杨。

5. 杨树主要栽培品种简介

（1）北京杨　北京杨是钻天杨和青杨的杂种。具有高生长快、材质好、纤维长、适应范围广等优良特性。

北京杨喜水肥，耐寒，抗褐斑病，生长期长，生产潜力大。苗期高生长超过现有栽培品种。但不耐旱，抗灰斑力弱。

北京杨的无性系现有 20 多个，表现好的有 18 号、100 号、116 号、243 号、567 号、607 号、8000 号。

北京杨树冠小，根较深，适宜绿化和营造成片林（图 6-3）。

（2）合作杨　合作杨是小叶杨和钻天杨的杂种。具有抗旱、耐寒、分布广、适应性强、生长快的特性。合作杨在干旱瘠薄的地区，速生性显著。材质较硬，纤维比小叶杨好。合作杨无性系有 20 多个，表现好的有 860 号、8277 号、8278 号、8291 号、8295 号。

图 6-3　北京杨的树形

图 6-4　合作杨

　　合作杨适宜营造黄土丘陵水土保持林和防风固沙林(图 6-4)。

　　(3)大官杨　大官杨是小叶杨和钻天杨的天然杂种。大官杨生长快,繁殖容易,木材洁白,是人造丝的好原料。大官杨抗旱性能好,喜水肥,适应性广,抗风沙,抗主干部位害虫。但在阴湿地区极易感染灰斑病。

　　大官杨适宜水旁、风沙区、四旁绿化和干旱山区造林(图 6-5)。

　　(4)二白杨　是箭杆杨和小叶杨的天然杂种。它抗旱能力特强,能忍耐蒸发量大于降水量 10 多倍的干旱。耐盐性较强,在含盐量 1%～2%的强盐碱土上仍能生长。二白杨比箭杆

图 6-5 大 官 杨

杨、小叶杨生长快,树干端直,材质较好。

二白杨是荒漠化地带四旁绿化、防风固沙的良好杨树。但不适于气候温凉、湿度大的地方生长(图 6-6)。

(5)小叶杨 小叶杨是纯种,广泛分布在北方地区。具有抗旱、抗寒、抗风沙、根蘖能力很强等优点。但缺点是生长较慢。小叶杨是杨树育种的主要原始材料之一。

小叶杨适宜瘠薄土壤,是河堤两岸造林和沙区防风固沙的好树种。

(6)小青杨 小青杨原产于东北。可能是小叶杨和青杨的天然杂种。

小青杨的抗性不如小叶杨,易受锈病危害。小青杨幼苗粗壮,大树通直,材质较佳,树冠窄小,在一定水肥条件下,生长速度超过小叶杨。小青杨亲和力很强,是良好的砧木。

小青杨是农田防护、固沙、水土保持的良好杨树品种(图 6-7)。

图 6-6　二白杨的树干、枝条与叶形

图 6-7　小青杨的树形

(7)双阳快杨 双阳快杨原产于吉林省双阳县,是钻天杨和小叶杨的杂种。它生长较快,抗叶斑病,耐旱,特别耐寒,可引种到高寒地区种植(图 6-8)。

(8)钻×小 47 号 是钻天杨和小叶杨的一个无性系。相当速生,11 年生直径可长至 36.5厘米。单株材积超过同地北京杨的 1.4 倍。耐盐碱,耐干旱,是盐碱土壤造林的杨树良种。

图 6-8　双阳快杨的树形、枝条和叶形

图 6-9　新疆杨的树形

(9)箭杆杨　箭杆杨属黑杨变种。喜光、喜温、喜肥沃湿润土壤。耐高温,也能耐轻度盐碱。抗寒性差,海拔 2 200 米以上地区生长不良。生长中等,树冠小。可用于农田林网和四旁绿化。在育种中多作亲本。

箭杆杨病虫害较多,应选择抗病虫害品种。

(10)新疆杨　新疆杨属纯种,原产于新疆。极耐寒,同时耐旱,较耐盐碱,生长较快,抗病虫害,材质也好。

由于它塔形的窄树冠,不仅美观,而且遮荫小,是农田林网和四旁绿化优良树种之一(图 6-9)。

(11) 河北杨　　河北杨属纯种。陇东和陕北都有,广泛分布在黄土丘陵沟壑区。它极耐旱和瘠薄土壤,又喜湿润,不抗涝,病虫害轻。树干端直高大,特别是它具有强大的根蘖能力,能"独木成林",所以是黄土丘陵沟壑区营造水土保持林中最重要的杨树之一(图 6-10)。

图 6-10　6 年生窄白杨林带

(12) 胡杨　　在新疆塔里木盆地有大量分布。胡杨能忍耐天气极度干旱和强盐碱的土壤,而这些地方其他杨树很少能生长下去。因此,对干旱沙漠和盐碱土壤绿化,胡杨具有重要意义。

6. 杨树人工林的营造

营造杨树人工林应遵循种条圃培育杨树的原则。

只选用酢酱草林型、生草沼泽林型和生草橡树林型的采伐地来营造杨树林。整地可以用各种方法,在行间间作各种作物——灌木及农作物,进行集约经营管理,需要采用全面整地和稀植的办法。在其他情况下可以局部整地、块状整地或带状整地,但必须细致。整地深度应不小于 20 厘米。块状整地面积应不小于 50 厘米×50 厘米,带状整地宽不应小于 50 厘米。栽植时的配置可以多种多样,每公顷栽植穴由稠密的 2 500 个到稀疏的 280 个。

采用带状整地,带宽 0.5~0.75 米,带间距 3 米(整地困难的地方可以空起来)。栽植穴的配置采用行距 3 米,株距 1.5 米或 2 米。每栽植穴插 2 根插条,相距 10~15 厘米(以便翌年春季留 1 株健壮的幼树)。

在暂时或经常过于潮湿的土壤上,可以插穗只插入 1/2 (10~12 厘米),在插穗周围用土培成小丘。

栽植后 3 年内要进行抚育管理,即在必要时除草和局部松土,必须及时地再进行割灌。当杨树树冠在行内郁闭时应伐除 1/3。

用苗圃中培育的带根苗木来营造杨树用材林是不适宜的,这种工作很费事,而且不合算,根容易干燥,移栽的树在造林后 2~3 年才能完全恢复过来,而用扦插法造林的树木很容易赶上它。

7. 杨树在绿化建设中的作用

绿化是任何地带和任何地区城市居民点完整建设最重要的环节之一。城市和居民点的林木对改变小气候具有很大作用,可以缓和温度的变化,增加湿度,减少空气含尘率,产生必要的遮荫,减弱噪声。绿地是劳动人民休息的地方,是使大城市和居民点市容丰富多彩的手段。

在绿化工作中树种的选择是重要的,必须考虑到树种的观赏特性、生物学、生态学特性及适应城市特殊条件的能力。

各种杨树很久就在绿化中得到广泛的采用,大概在国内任何地方都见不到没有杨树的城市。过去绿化所采用的树种中,杨树在数量方面及在各类绿化林中的作用方面常居于前列。几乎在我国任何古老的城市中最大的树照例是某种杨树。

很多城市栽植杨树令人极不满意,是无意从雌性无性系繁殖成的大量清一色树木,它们种子的绒毛常使大气污染(在结实时),而且不具有特殊的观赏价值;有时用严重感染真菌病的无性系苗木造林,导致生成大量病树。所有这些使很多公民和绿化工作者反对在城市绿化中采用杨树,结果在城市苗圃及各类绿化中杨树减少了。

在绿化事业中对杨树的这种态度是完全不正确的。一个原因是由于未按照生物学特性选择树种使造林失败;另一个原因是杨树对绿化来说有多种多样的珍贵品质。这种品质很多,对绿化来说任何其他属的树种都没有像杨树那样具有如此多样的珍贵品质。

8. 杨树的观赏性

某些杨树在年龄大时(70~80年生)可以长成大树(高40米,直径2米),也有直径达3米的巨树,这种树木的年龄人们通常要多估1~2倍。银杨树、黑杨、加拿大杨、欧洲大叶杨可以长成特别大的树,著名的大树还有柏林杨、钻天杨及香肠杨。栽培中较小的树是西伯利亚杨、暗叶杨及中亚的杨树——胡杨。

很多杨树,如银白杨、新疆杨、巴氏杨、黑杨、香肠杨、苦杨、白城杨,成年树由少数一级大枝形成宽广、开张、呈帐篷状的树冠。另一些树树冠比较紧密,由大量较细向上的侧枝组成,这些树冠的外形呈卵形,宽度或大或小。小叶杨、朝鲜杨及很多杂交品种属于这一类。有些杨树种和品种的树冠呈窄箭形、塔形或圆柱形，这种树冠是由短而细的枝条形成的，这些枝条与主干成锐角，有时几乎平行于树干。这一类有钻天杨、阿富汗杨、新疆杨及这些种同其他种的杂种类型。这些窄树冠树十分奇异，使个别地区风景和街道外貌别具一格。有时孤立生长的大树枝梢下垂，形成下垂状态的树冠，小叶杨、香肠杨、黑杨、加拿大杨具有这种特征。

杨树的叶片在观赏方面是极好看的，叶片形状有圆形、浅裂至披针形。叶色也是多样的，从浅绿色光亮（如黑杨及很多杂种）至暗绿色。暗叶杨叶色特别深。银白杨叶面为鲜绿色或暗绿色，叶背白色或银白色。同一株树上绿色和银白的叶色相映，产生良好的观赏效益。

在大小公园中，其他树种的景观比较单调，杨树叶片的这种多样性色彩同极易摆动的特性相结合，使其显得十分出众。杨树展叶较其他树种早，山杨是个例外，它的幼叶色彩比较鲜艳，由浅黄玫瑰色至暗红色，各种杨树种和品种的颜色各异（由浅黄色至暗橙黄色）。而某些种，如白城杨、加拿大杨及一些杂交品种，绿叶可以保持到深秋，寒霜到来才落叶，很多杨树较其他树种保持绿色的时间长 4～6 周。这一点北部地区特别珍贵，在那里树木绿叶的持续时间较短。

杨树的叶片同其他树种不同，不阻留落在它表面的灰尘，容易被雨水冲刷洗净，所以杨树的叶子在夏末也是新鲜的，但是椴树和榆树在同样条件下于中夏时由于沾染灰尘已不新鲜，看样子已经晦暗了。

速生是杨树的珍贵特性，如果绿化的对象为空地，并且必须在尽可能短的时期内造好林，这一点就特别重要。甚至在森林地带北部，公园里的幼龄杨树（10～16 年生）树高达 10～

12米。绿化这样的地方，起初杨树应占优势，与此同时需要移栽比较珍贵；但生长慢的耐阴树种，以后当生长慢的树种长大一点后，大部分杨树可以伐除。

当树木正常生长所必需的生态因子严重破坏时，杨树能很好地忍耐城市的特点。杨树能经受灰尘及各种混合物的污染，而不至于严重受害，能忍耐很坚硬的土壤及不良的母质（碎石、瓦砾和火烧迹地）。

杨树能靠大量不定芽的发育恢复树冠，在绿化中这是珍贵的特性，它能够耐受各种程度的修剪，使树冠可以成为球形、方形和塔形等任何形状。甚至大树完全剪掉带有粗枝和顶梢的树冠，也能恢复起树冠来，这种树冠通常呈窄圆柱形。如果高大的杨树开始严重遮住住房或机关的窗户、或遮荫其他观赏乔灌木时，就要合理地使用这种方法。主干下部，树冠下部出现不定枝影响树的外形时，要及时除去这些枝条。

所有杨树种和品种可以按树冠类型和树木大小来分类。

(1)树冠宽广，大乔木，叶片绿色 黑杨、加拿大杨、苦杨、欧洲大叶杨、香肠杨、彼特洛夫杨、朝鲜杨、马氏杨、新疆杨、白城杨、红脉杨。这些杨树可以单株或团状栽植在森林公园、街区绿化中和城郊道路上。

(2)树冠宽广，大乔木，叶片银白色 银白杨、灰杨、巴氏杨。这些种同样可在上述绿化类型中采用。在公园中它们的银白色叶片特别点缀了普通风景，并使其丰富多彩。

(3)树冠窄小，大乔木，叶片鲜绿色 小叶杨、白城杨和某些杂交种的雄性无性系，这些杨树不仅适于上述所有绿化类型而且特别适于打算定期修剪树冠的街道绿化，以及在空地上新建公园中营造大面积乔木林。

(4)树冠圆柱形或塔形，大乔木，叶片鲜绿色 钻天杨、柱形杨。钻天杨是森林草原和草原带城市的代表树种。柱形杨为雌性无性系,抗寒,适于栽培在森林带的北半部,它正处在繁殖和应用的实践过程中。这些杨树在街道成行状栽植,在公路绿化上用来建立窄林荫道很好,在公园中采用单株或小团状栽培比较美观。

(5)小乔木,树冠宽度中等,叶片暗绿色　暗叶杨及暗叶杨的某些杂种。这些杨树抗寒。在小公园中和建立短林阴道可单株栽植。在公园成小团状栽植,在那里它们的暗色叶片增添了多样化的色彩,在气候严寒的较北部地区,各种绿化类型均可采用这些树种。

(二)适于我国北方
生长的杨树品种白城杨

1. 白城5号杨

(1)简介　白城5号杨是吉林省白城市林业科学院金志明同志于1972年在白城市干旱、瘠薄的浅层聚钙栗钙土(白干土)上营造小青×美人工林时,不慎将其混入林中。造林后20多年中小青×美因不耐土壤干旱而被逐步淘汰,相反早年夹杂其中的白城5号杨则在经过了一段生长停滞期后,在23年生时便成了这种土壤条件下的优胜者。

(2)形态特征　白城5号杨为乔木,树干通直,树皮开裂较早,纵裂较深、暗灰褐色。短枝叶菱状圆形和卵状菱形,长6～7厘米,宽4.5～5厘米,叶先端长渐尖,叶基部广楔形或圆形。

(3)生态特征

①耐干旱、瘠薄　白城5号杨在白城市洮北区干旱、瘠薄

的浅层(土层厚度25厘米)聚钙栗钙土上,在3年生树高生长到2.5米左右、胸径生长到4厘米左右时,其与北京杨、白城小黑杨等品种一样生长停滞下来。从4~8年生的5年之内其高生长仅30厘米,同时在树干2.5米左右还形成了一个侧枝密集并且微弯的区域。但是当它在10~40厘米的土层内,以主干为轴心在水平方向辐射出由几条到十几条粗侧根和无数条支根组成的根系网;尤其是当它的几(3~5)条垂直根系慢慢地穿越了干硬的钙聚层,形成一个完整的、抗旱的根系体系后,便很快恢复了旺盛的长势。有时1年的树高生长量达70厘米左右,胸径生长量达1厘米左右。23年生时平均胸径、平均树高、平均单株材积达到了16.1厘米、10.3米和0.105 7立方米,分别为白城小黑杨的139%、147%和214%。

②耐寒　白城市的年平均气温4.4℃,1月份平均气温−17.2℃,极端最低气温−37.9℃。白城5号杨的扦插苗木和幼树都能在白城市自然越冬。同时其在通榆县四井子乡林场和扶余县三岔河林场25号营林区等地也都没发生干皮冻裂现象。

③抗病虫害　无论在白城市浅层聚钙栗钙土试验林中,还是在通榆县四井子乡林场和扶余县三岔河林场,都没有发生烂皮病和白杨透翅蛾等病虫害的危害。

④适应性强　白城5号杨不仅在白城市干旱、瘠薄的浅层聚钙栗钙土上生长较好,而且在通榆县四井子乡的低湿地上也表现良好,11年生时平均胸径、单株材积和每公顷蓄积达23.1厘米、0.244 9立方米和101.9立方米。

(4)推广地区　白城5号杨之所以对干旱、瘠薄的浅层聚钙栗钙土具有很强的适应性,如上所述,关键在于它在8年生左右,能够在水平和垂直两个方向形成一个完整的、抗旱的根系体系。因此,白城5号杨既是一个在这种土壤条件下生态效益最佳的杨树新品种,同时也是一个在干旱瘠薄沙地上造林的良种。

(5)育苗技术

①剪穗　将从采穗圃中采回的种条,剪成直径 0.7～1.5 厘米长 12 厘米的插穗。穗上顶芽距上截面 1 厘米左右。每 100 根捆成 1 捆。

②贮穗　在插穗贮藏过程中要注意两点。一是不要因为贮藏地点透风使其抽干;二是不要因为环境闷热使其霉烂。在冬季剪穗时,要在事先准备好的埋藏沟分层混沙埋藏。一般沟宽 1.5 米、深 0.8 米、长 10 米左右。先在沟内铺一层 5 厘米左右的河沙,将插穗捆依次立摆于沟内,然后在上面覆一层 5 厘米左右的河沙,随即浇 1 次透水,使河沙充满插穗捆和插穗之间的空隙。一般如此埋藏 3 层。为了防止扦插前因气温暴升插穗提前萌发,可将上面的一层插穗倒置埋藏沟上面覆一层 30～50 厘米的杨叶或柴禾。同时,插穗也可在冷库或窖中贮藏,但为了确保其具有充足的水分,贮前应将其水浸 20～24 小时。

③育苗　东北地区冬季严寒漫长,土壤解冻后,4 月中下旬即可扦插育苗。为了提高土温促进插穗生根生长,以垄作为宜。垄距 50～70 厘米,每公顷扦插 5 万～20 万株。西部地区连年干旱少雨墒情不好,同时土壤也多贫瘠,因此应该施足基肥、浇足底水。应将插穗垂直垄面插入土中,并踏实,以免土壤透风抽干。在扦插后的 1 个月内尤其是 7～15 天,是插穗生根、成活的关键时期,充足的土壤水分是其重要保证。进入 5 月份后对禾本科杂草可采用精禾草克灭草。对苗间的杂草不要用锄铲,要用手精心拔掉,不然幼苗根系尚未完全形

成、扎牢,碰动了影响幼苗生长而使其走向停滞的时期,应根据其生长节律,及时进行松土、除草、追肥、浇水和病虫害防治等项田间管理工作。进入秋季后,水、肥要适量,以免影响苗木木质化在冬季发生冻害。

(6) 栽培技术

①造林季节　杨树造林主要在春、秋两季进行。在吉林省西部地区的造林时间一般在 4 月上中旬和 10 月中下旬。

②密度　造林密度与土壤条件、林种与定向培育目标等多种因素有关。吉林省西部地区近年来气候土壤更加干旱,为植树造林造成了更大困难。在采用 1 年生截干扦插苗木机械造林时,一般采取 1 米×3 米株行距,每公顷植苗 3 333 株。在对城镇进行小区绿化时,一般采用大苗,经营管理也较精细。株行距应该加大,采用等株行距,每公顷栽植 883 株或500 株。

③造林方法　造林方法分人工造林和机械造林两种。吉林省西部地区在对铁路、公路、乡路村屯、庭院进行绿化时多采用人工造林。也多采用 2～3 年生或 3～4 年生大苗和人工挖坑栽植。坑宽、深各为 50～80 厘米。栽后踏实、浇足水,并培土保持土壤水分。深栽可使大苗根部周围有足够的水分,促使新根系的形成、发育,提高造林成活率、保存率。栽后应视土壤水分状况及时浇水。机械造林一般使用链轨拖拉机牵引 3 台全自动植树机投苗植树。如在流动或半流动沙丘可采用改进的机型——深沟植树机。它是在机身的前方安 1 个开沟的装置再将苗木植入沟中,以防风刮。植入 1 年生全株扦插苗木或保留 50～80 厘米地上部分的苗木,以防沙压。近年来在沙地造林中引进了钻孔造林技术,效果良好。

④幼林管护　幼林管护包括松土除草、修枝定干、病虫害

防治和追肥浇水等项内容。幼林管护是保障各林种树木成活和正常生长的关键,必须贯彻"三分造、七分管"的原则。

2. 白城小青黑杨

(1)简介 白城小青黑杨是白城市林业科学院 1960 年 11 月,由中国林业科学研究所引进的小青杨×欧洲黑杨杂交组合的部分枝条,经过长期试验、观测、筛选,1983 年 9 月由吉林省科委和吉林省林业厅组织对其进行了技术鉴定,正式定名为白城小青黑杨。

(2)形态特征 白城小青黑杨为乔木,树干通直。幼龄树皮光滑灰绿,壮龄时灰白色,开裂晚、浅纵裂。树冠圆锥形。短枝叶菱状卵圆形,长 5～9 厘米,宽 3～6 厘米,最宽处在中下部,先端长渐尖,基部广楔形。叶柄长,约为叶长之半,左右扁平,无毛。叶缘锯齿较细,具狭而半透明的边缘。长枝叶大,菱状三角形。雌性,花序长 3.5～5 厘米,具小花 50 朵左右。柱头 2 裂,淡绿色。苞片较大,淡绿色,长约 6 毫米,尖裂淡褐色。果穗长 9～11 厘米,蒴果菱状卵形,果先端钝而微曲,长 6～7 毫米,果柄较长,1～2 毫米。苗茎棱线不明显,呈圆柱形,苗茎扩权力弱,苗顶叶乳白色。

(3)生态特征 白城小青黑杨具有突出的生物学特性。一是它扦插育苗出苗快,出苗率高。1964 年 4 月 15 日对白城小青黑杨、白城小黑杨和白城二号杨进行扦插育苗试验,到 5 月 30 日白城小青黑杨已经出苗 75%,而白城小黑杨和白城二号杨才出苗 40% 和 37%。这 3 个品种到 6 月 24 日的最终出苗率分别为 92.5%、85.0% 和 77.5%。二是它 7 月份生长量大;停止生长早。白城小青黑杨、白城小黑杨和北京杨的全年苗高生长量为 197 厘米、168 厘米和 199 厘米,7 月份的生长量分别为 81 厘米、66 厘米和 61 厘米，各占全年生长量的 41%、39%和 31%。白城小青黑杨和白城小黑杨在 9 月上旬即已停止生长，北京杨在 9 月中旬顶芽才封顶。三是速生。白城小青黑杨在永吉——磐石公路两侧北京杨行道树中，15 年生时平均胸径、平均树高、单株材积和每公顷蓄积达 36 厘米、19 米、0.7 立方米和 145.6 立方米，分别为北京杨的 139%、112%、216%和 216%。白城小青黑杨在长春市苗圃 7 年生时平均单株材积 0.113 立方米，为双阳快杨的 149%。在吉林市松花江苗圃 7 年生时平均单株材积 0.195 15 立方米，为白城小黑杨的 161%，为香杨的 451%。同时，白城小青黑杨在黑龙江省牡丹江和绥化地区也生长优良。四是较耐干旱。在白城市苗圃土层厚度只有 80～100 厘米，以下为卵石层漏水易旱的土壤上，北京杨和白城小青黑杨 8 年生时，平均胸径、平均树高、单株材积和每公顷蓄积达 12.9 厘米、12 米、0.067 44 立方米、62 立方米和 14.4 厘米、12.5 米、0.087 56 立方米、76.9 立方米。分别为白城小黑杨的 82%、92%、62%、57%和 91%、96%、80%、70%。五是耐寒。白城小青黑杨不仅在吉林省西部地区和中部丘陵山区能够自然越冬，同时在黑龙江省牡丹江、绥化地区越冬情况也良好。六是抗病虫害。白城小青黑杨抗烂皮病、杨叶锈病、灰斑病和黑斑病，较抗白杨透翅蛾。

(4)推广地区　白城小青黑杨适宜在吉林省中西部、东部平原地区以及邻近省(自治区)湿润、肥沃、排水良好的黑土、黑钙土、棕色森林土和沙壤土上栽培推广。

(5)作用用途　白城小青黑杨具有速生、较耐干旱、耐寒和抗病虫害等生态特性和树干通直，枝桠少，以及木材洁白、节子少等优良特征。它适于大规模经营大径材胶合板工业人工林基地。也适宜营造速生丰产林或用材林。

3. 白林二号杨

(1)简介 白林二号杨系吉林省白城市林业科学院金志明同志在 1964 年 4 月以新疆阿勒泰的欧洲黑杨(p. nigra)为母本,延边州龙井镇的钻天杨(p. pyramidalis)为父本进行人工杂交育种试验,经过对其杂种后代的反复试验、观测、筛选后,选育成功的一个杨树新品种。

(2)形态特征 白林二号杨为乔木,20 年生时高 25 米以上,胸径可达 40 厘米以上,树干通直,树冠锥形。树皮深纵裂,灰褐色,小枝灰白色、圆柱形。短枝叶菱状三角形、先端尾尖,基部广楔形。雄性,花序长 5～7 厘米,粗 6～7 毫米每序具小花 40 朵左右,每小花具雄蕊 25 枚左右,花药紫红色。苗茎无棱,苗木叶片菱状三角形,苗顶淡黄色,苗木适当密植条件下不分杈。

(3)生态特征

①**速生** 在扶余县增盛林场沿江沙地上,15 年生时每公顷材积 176 立方米,为白城市小黑杨的 184%。在吉林林学院蛟河试验林场八道河白浆化暗棕壤土上,12 年生时单株材积 0.334 1 立方米,为大青杨的 250%。在辉南县朝阳镇——辉南镇公路行道树中,20 年生时每公顷材积 237.6 立方米,为北京杨的 222%。

②**耐干旱、瘠薄** 在扶余县增盛林场干旱、瘠薄的风蚀沙地上,16 年生时平均胸径、平均树高和单株材积达 17.6 厘米、14 米和 0.168 立方米,分别为白城小黑杨的 107%、104% 和 121%。

③**耐寒** 白林二号杨的当年扦插苗木可以在吉林省自然

越冬。在吉林林学院蛟河试验林场八道河海拔 680 米,极端最低气温-43.5℃的白浆化暗棕壤土上,12 年生时没有发现干皮冻裂的植株。

④抗烂皮病 白林二号杨无论在干旱的扶余沙地上,在辉南县朝阳镇——辉南镇公路行道树中,或是在吉林林学院蛟河试验林场八道河林区里,都没有发现患有烂皮病的植株。

(4)推广地区 白林二号杨适宜在吉林省以及其邻近省(自治区)的沙地、栗钙土,黑钙土、黑土和排水较好的暗棕土壤上栽培推广。

(5)育苗技术

①剪穗 将从采穗圃中采回的种条,剪成直径 0.7～1.5 厘米,长 12 厘米的插穗。穗上顶芽距上截面 1 厘米左右。每 100 根捆成 1 捆。

②贮穗 在插穗贮藏过程中要注意两点。一是不要因为贮藏地点透风使其抽干;二是不要因为环境闷热使其霉烂。在冬季剪穗时,要在事先准备好的埋藏沟分层混沙埋藏。一般沟宽 1.5 米,深 0.8 米,长 10 米左右。先在沟内铺一层 5 厘米左右的河沙,将插穗捆依次立摆于沟内,然后在上面覆一层 5 厘米左右的河沙,随即浇 1 次透水,使河沙充满插穗捆和插穗之间的空隙,一般如此埋藏 3 层。为了防止扦插前因气温暴升插穗提前萌发,可将上面的一层插穗倒置埋藏沟上面覆一层 30～50 厘米的杨叶或柴禾。同时,插穗也可在冷库或窖中贮藏,但为了确保其具有充足的水分,贮前应将其水浸 20～24 小时。

③育苗 东北地区冬季严寒漫长,土壤解冻后,4 月中下旬即可扦插育苗。为了提高土温促进插穗生根生长,以垄作为宜。垄距 50～70 厘米,每公顷扦插 5 万～20 万株。西部

地区连年干旱少雨墒情不好,同时土壤也多贫瘠,因此应该施足基肥、浇足底水。应将插穗垂直垄面插入土中,并踏实,以免土壤透风抽干。在扦插后的 1 个月内尤其是 7～15 天,是插穗生根、成活的关键时期,充足的土壤水分是其重要保证。进入 5 月后对禾本科杂草可采用精禾草克灭草。对苗间的杂草不要用锄铲,要用手精心拔掉草,不然幼苗根系尚未完全形成、扎牢,碰动了影响幼苗生长而走向停滞的时期,应根据其生长节律,及时进行松土、除草、追肥浇水和病虫害防治等项田间管理工作。进入秋季后,水、肥要适量,以免影响苗木木质化在冬季发生冻害。

(6)栽培技术

①**造林季节** 杨树造林主要在春、秋两季进行。在吉林省西部地区的造林时间一般在 4 月上中旬和 10 月中下旬。

②**造林密度** 造林密度与土壤条件、林种与定向培育目标等多种因素有关。吉林省西部地区近年来气候炎热,使得土壤更加干旱,为植树造林造成了更大困难。在采用 1 年生截干扦插苗木机械造林时,一般采取 1 米×3 米株行距,每公顷植苗 3 333 株。在对城镇进行小区绿化时,一般采用大苗,经营管理也较精细。株行距应该加大,采用等株行距,每公顷栽植 883 株或 500 株。

③**造林方法** 造林方法分人工造林和机械造林两种。吉林省西部地区在对铁路、公路、乡路村屯、庭院进行绿化时多采用人工造林。也多采用 2～3 年生或 3～4 年生大苗和人工挖坑栽植。坑宽、深各为 50～80 厘米。栽后踏实、浇足水,并培土保持土壤水分。深栽可使大苗根部周围有足够的水分,促使新根系的形成、发育,提高造林成活率、保存率。栽后应视土壤水分状况及时浇水。机械造林一般使用链轨拖拉机牵

引 3 台全自动植树机投苗植树。如在流动或半流动沙丘可采用改进的机型——深沟植树机。它是在机身的前方安 1 个开沟的装置再将苗木植入沟中,以防风刮。植入 1 年生全株扦插苗木或保留 50～80 厘米地上部分的苗木,以防沙压。近年来在沙地造林中引进了钻孔造林技术,效果良好。

④幼林管护 幼林管护包括松土除草、修枝定干、病虫害防治和追肥浇水等项内容。幼林管护是保障各林种树木成活和正常生长的关键,必须贯彻"三分造、七分管"的原则。

(7)作用用途 白林二号杨为雄性。树干通直。具有速生、耐干旱瘠薄、耐寒和抗病虫害等生态特性。它可用于城镇、村屯、铁路、公路和乡路的绿化。又是营造速生丰产林、用材林、薪炭林的优秀良种。

4. 白林三号杨

(1)简介 白林三号杨,杨柳科,白林三号杨是吉林省白城市林业科学院 1964 年 4 月以长春市的小叶杨(P. simonii)为母本,新疆阿勒泰的欧洲黑杨(P. nigra)为父本进行人工杂交育种试验,通过 30 年对其杂种后代的反复试验、观测、筛选后,选育成功的一个杨树新品种。

(2)形态特征 白林三号杨为乔木,20 年生时树高达 20米以上,胸径达 45 厘米以上,树干通直,树冠圆锥形。幼龄树皮光滑,附有白粉,中龄树皮浅纵裂、灰色或深灰色。小枝灰白色、圆柱形。短枝叶菱状卵圆形,叶基圆形或广楔形,叶先端长渐尖。雄性,花序长 5.5 厘米左右,粗 0.75 厘米左右,每序具小花 55 朵左右,每小花具雄蕊 25 枚左右,花药红色或红褐色。苗茎棱线较为低平,苗木叶片卵圆形。

(3)生态特征

①耐旱 在白城市洮北区林场表土层只有 25 厘米(以下为根系难以穿越的聚钙层)的碳酸盐栗钙土上,5 年生时平均胸径、平均树高、单株材积和每公顷达 7.4 厘米、5.6 米和 0.017 3 立方米和 57.09 立方米,分别为白城小黑杨的 125%、110%、170%和 170%。10 年生时平均胸径、平均树高、单株材积和每公顷达 10 厘米、6.5 米和 0.034 9 立方米和 87.25 立方米,分别为白城小黑杨的 127%、118%、172%和 172%。

②耐寒 白林三号杨在白城市年平均气温 4.4℃,1 月平均气温−17.2℃,极端最低气温−37.9℃的严寒条件下,越冬情况良好。白林三号杨在黑龙江省大庆市不仅表现速生,而且顺利越冬。

③耐涝、耐盐碱 白林三号杨在镇赉县到保林场 pH 值 8~8.5。全盐量 0.1%~0.2%,雨季经常内涝积水 30~50 天的草甸土上,13 年生时平均胸径、平均树高、单株材积和每公顷达 17.9 厘米、15.8 米和 0.135 3 立方米和 54.1 立方米,分别为白城小黑杨的 111%、105%、128%和 144%。

④速生 白林三号杨在白城市林业科学院杨树基因库中,18 年生时平均胸径、平均树高、单株材积达到了 43.9 厘米、19 米和 1.091 1 立方米,分别为白城小黑杨的 133%、119%和 193%。

⑤抗病虫害 白林三号杨抗烂皮病、抗杨干象甲和白杨透翅蛾,较抗杨叶锈病。

⑥适应性强 综上所述,白林三号杨对气候、土壤等生态环境的适应幅度是宽的或比较宽的,也就是说其适应性是强的。

(4)推广地区 白林三号杨适宜在吉林省及其邻近省（自治区）的沙地、轻-中盐碱土、草甸土、黑钙土和黑土上，营造用材林、防护林和"四旁"绿化时栽培推广。

(5)育苗技术 将从采穗圃中采回的种条，剪成直径0.7～1.5厘米、长12厘米的插穗。穗上顶芽距上截面1厘米左右。每100根捆成1捆。在插穗贮藏过程中要注意两点。一是不要因为贮藏地点透风使其抽干。二是不要因为贮藏环境闷热使其霉烂。在冬季剪穗时，要在事先准备好的埋藏沟内分层混沙埋藏。一般沟宽1.5米，深0.8米，长10米左右。先在沟内铺一层5厘米左右的河沙，将插穗捆依次立摆于沟内，然后在上面覆一层5厘米左右的河沙，随即浇1次透水，使河沙充满插穗捆和插穗之间的空隙。一般如此埋藏3层。为了防止扦插前因气温暴升插穗提前萌发，可将上面的一层插穗倒置埋藏。也可在埋藏沟上面覆一层30～50厘米的杨叶或柴禾。同时，插穗也可在冷库或地窖中贮藏，但为了确保其具有充足的水分，事前应将其水浸20～24小时。东北地区冬季严寒而漫长，土壤解冻后，4月中下旬即可扦插育苗。为了提高土温促进插穗生根生长，以垄作为宜。垄距50～70厘米，每公顷扦插5万～20万株。西部地区连年干旱少雨，墒情不好，同时土壤也多贫瘠，因此应该如栽培经济作物那样施足基肥、浇足底水。应将插穗垂直垄面插入土中，并踏实，以免土壤透风抽干穗材。在扦插后的1个月尤其是7～15天，是插穗生根、成活的关键时期，充足的土壤水分是其根本保证。进入5月后对禾本科杂草可采用精禾草克除草剂及时灭草。对苗行中的杂草不要用锄铲，要用手精心拔掉，不然幼苗根系尚未完全形成、扎牢，碰动了幼苗就会风干枯死。6～8月份是苗木生长逐步加快，再走向停滞的时期，应根据其生长节律,及时进行松土、除草、追肥、浇水和病虫害防治等项田间管理工作。

(6)栽培技术

①造林季节 杨树造林主要在春、秋两季进行。在吉林省西部地区的造林时间一般在4月上中旬和10月中下旬。

②造林密度 造林密度与土壤条件、林种与定向培育目标等多种因素有关。吉林省西部地区近年来气候炎热使得土壤更加干旱,为植树造林造成了更大困难。在采用1年生截干扦插苗木机械造林时,一般采取1米×3米株行距,每公顷植苗3 333株。在对城镇进行小区绿化时,一般采用大苗,经营管理也较精细。株行距应该加大,采用3米×4米、4米×5米等株行距,每公顷栽植833株、500株。

③造林方法 造林方法分人工造林和机械造林两种。吉林省西部地区在对铁路、公路、乡路、村屯、庭院进行绿化时多采用手工造林。也多采用2~3年生或3~4年生大苗和人工挖坑栽植。坑宽、深各为50~80厘米。栽后踏实、浇足水,并培土保持土壤水分。深栽可使大苗根部周围有足够的水分,促使新根系的形成、发育,提高造林成活率、保存率。栽后应视土壤水分状况及时浇水。机械造林一般使用链轨拖拉机牵引3台全自动植树机投苗植树。如系流动或半流动沙丘则采用改进的机型——深沟植树机。它是在机身的前方安1个开沟的装置再将苗木植入沟中,以防风刮。植入1年生全株扦插苗木或保留50~80厘米地上部分的苗木,以防沙压。近年来在沙地造林中引进了钻孔造林技术,效果良好。钻孔机即可引进也可仿制。钻孔造林一般在秋季进行。在将拖拉机与钻孔机连接并液压钻出深达1.5米左右的孔后,将截掉根部去掉枝桠、2~3年生、长3.5米、粗3.5厘米左右的苗干插入

孔中,再用细沙填满苗干周围的空隙即可。此法在"三北"防护林009项目通榆项目区中应用后,取得了满意效果。北京时空公司在营造"三北"防护林中,不仅使用了秋季截根钻孔深栽的方法,而且在春季钻孔造林时,采用将苗干长度缩短后全部齐地插入孔中的方法,取得了良好结果。使原来将长苗干在春季插入孔中后,因地上部分枯死导致造林失败的方法获得了新生。

④幼林管护 幼林管护包括松土除草、修枝定干、病虫害防治和追肥浇水等项内容。幼林管护是保障各林种树木成活和正常生长的关键,要根据树木生长发育阶段适时进行。

(7)作用用途 因为白林三号杨为雄性,树干通直,树皮光滑。具有耐旱、耐寒、耐涝耐盐碱、速生、抗病虫害和适应性强等生态特性。因此,它是北方大、中、小城市绿化和铁路、公路、乡路栽植行道路树的主要品种。同时,它又是吉林省中西部地区营造用材林的良种。也是吉林省西部干旱瘠薄地区和轻、中盐碱地上营建生态林的主要品种。

(三)柳 树

柳树,为乔木或灌木,在植物分类上为杨柳科柳树属。全世界约350种,主要分布在北半球温带、寒带。我国约250种,遍及全国各地。吉林省常见的柳树有旱柳(柳树、河柳)、垂柳(倒栽柳、倒枝柳、垂杨柳)、红皮柳(红心柳、簸箕柳)、钻天柳(顺河柳、朝鲜柳)等10余种。一般见到的龙须柳、馒头柳均为旱柳的变型。目前人工栽培的主要是垂柳、旱柳,近几年来人工栽培的杂交种有东方快柳、鞍山旱快柳等。

柳树具有很特别旺盛的生命力,耐水湿,适应力强,而且对有害气体二氧化硫有很强的吸收能力,被赞美为穿绿衣服的"医生"。垂柳和龙须柳等都是幽美的风景观赏树,被普遍公认为良好的绿化树种,是城乡绿化美化环境中不可缺少的树种之一,而且有很大的经济和实用价值(图 6-11 至图 6-14)。

图 6-11 旱 柳
1. 叶枝 2. 雄花枝 3. 雄花 4. 雌花枝 5. 雌花

柳树是分布很广,经济价值较高的树木。柳树木材红褐色,木质轻软而坚韧,纹理通直,可作矿柱、农具、家具、箱板、胶合板以及农家小型建筑用材;枝条可作薪柴,是造纸和人造纤维的原料。

图 6-12　垂　柳　　　　　图 6-13　红皮柳花枝

1. 叶枝　2. 雄花枝　3. 雄花
4. 雌花枝　5. 雌花　6. 果枝　7. 果

1. 生态习性

柳树具有适应性强，生长迅速，繁殖容易，很耐水湿的特点。所以，分布广，是水乡、平原、低湿滩地的重要造林树种，是护堤护岸的主要水土保持树种，是平原绿化营造农田防护林、用材林的优良树种。特别是垂柳、旱柳，由于树形美观、婀娜多姿，是行道、庭院绿化的主要树种之一。

柳树是分布很广的树种，南北方均有栽植。

柳树喜湿润，耐水性很强。据资料记载，平均树高4.25～4.69米的4年生的垂柳林，被水淹166天，淹水深度达2.8～

图 6-14　钻天柳

1. 雄花枝　2. 雌花枝　3. 雄花　4. 雌花

3.2 米,保存率仍有 79.3%～89.1%。群众在长期的生产实践中,总结出"湿柳"二字,形象而又科学地指出了柳树对于土壤水分的特殊要求,许多调查也充分说明河滩、沟谷、低湿地的柳树生长比岗地生长得快。前者成林成材,后者形成未老先衰的"小老树"。柳树耐水性强,是因为被洪水浸淹时,被淹部分能萌出新根,悬浮水中,辅助或代替原有根系的功能,维持生长。

柳树繁殖容易,适应性强。无论是塘边河岸,还是丘陵洼地,一经扦插,都能扎根生长,对土壤要求不严。人们常说:"无心插柳柳成荫"。这足以说明柳树具有适应性强,容易成活的特点。

柳树生长快,一般 10 年左右即可成材利用。吉林省九台县庆阳乡新开村垂柳护路林,株行距 2 米×2 米,实生 12 年,树高 15 米,平均胸径 25 厘米。从林分起源看,实生林初期生长慢,但寿命长,能长成大树,通常寿命 50～70 年,也有超过 200 年的老树。插条及萌生林初期生长快,寿命短,一般寿命 30～40 年。

2. 造林技术

(1)育苗　苗圃地的建立与整地施肥。

①育苗地的选择　育苗地要选择在管理方便、水源充足、排水良好、地势平坦的地方。育苗地的土壤以疏松、透气较好的沙壤土、壤土及轻黏土为宜。沙土和黏重土,土壤肥力差,不适宜作育苗地,更不能在碱土地育苗。育苗面积可根据造林面积决定,一般育 667 平方米柳苗可造林 3～4.6 公顷。

②整地和施肥　整地是育苗工作中一项极为重要的技术措施。整地不仅能消灭杂草,减少病虫危害,改善土壤的理化性质,还可以保蓄水分和养分。因为在整好地的土壤上育苗,能使苗木根系充分发育,造林成活率高。

整地要做到及时、平整、全面耕到,土壤细碎,清除草根、石块。其深度一般要达到 20～30 厘米,要做到随翻随耙,耙细为止,小块地可用人工翻地并打碎土块。为了消灭土壤病菌和地下害虫,有条件的地方,在秋翻地或春翻做床时,每 667 平方米撒入消石灰粉 7～10 千克,或者在播种前 2～3 天,在床面上浇洒 1% 硫酸亚铁溶液(硫酸亚铁 1 千克加水 200 升即为 1% 浓度),每平方米用药液 1～2 升,进行床面土壤消毒。

施肥是保证苗木高产优质的关键,因此育苗地一定要多施肥,施好肥,以施基肥、施农家肥为主,追肥、化肥为辅。

各种农家肥料、人粪尿、厩肥、堆肥等要充分发酵,不准施用生粪,以防止感染病虫或烧苗。施肥时要注意倒细、扬匀。柳树育苗地每 667 平方米施优质有机肥 3 000 千克左右。

③做床　播种柳树需要精细管理,浇水量较大。

做床规格:一般常采用高床。即床高 10 厘米左右,床宽 110～120 厘米,长 15～25 厘米,床面的边坡呈 40°,以减少塌陷,两床面之间要留出 40～45 厘米宽的步道,以利于田间作业和排除积水。

做床方法:首先用草绳拉出水沟、步道沟的位置,做步道沟时翻土分别放到两边床面上,后用三齿或手扶拖拉机旋转犁,把上下土层和肥料拌匀,同时疏松床面土壤,达到"上疏下实"。最后用果园耙等工具,把床面搂平,并打碎上层土块,使床面土壤细碎、平整,再用镇压磙把床面压平。

做垄:与农田做垄相同,但垄不要过长,以免影响排除积水。

(2)播种育苗　播种育苗虽较扦插育苗技术繁杂,但有性繁殖可提高生活力,克服长期无性繁殖给林木带来的提早衰弱现象,且寿命长,抗病能力强,播种育苗是发展柳树造林的主要途径。根据各地经验,垂柳播种育苗要抓住以下几个环节。

①及时采种　垂柳果实成熟期因地而异。长春、吉林两市一般在 5 月下旬至 6 月上旬,垂柳果实开始成熟发现有"飞花子"就要及时采种,抓紧采收。

采种方式有两种:一种是剪采果穗,也叫"采吊子";另一种是收集落下的种子,又叫"采飞花子"。长春、吉林两地的群众习惯采收"飞花子",这种方法,采收的果实含水少,调制容易,成本低,种子质量高,又不损伤母树。这种采种方法,适宜在母树比较集中、地面平坦的街道两旁,群众在采集时,用笤帚轻轻一扫即可集中成堆,然后用布袋或麻袋装好,进行调制。

②种子调制与处理　要马上放在室内水泥地上摊晾,切忌堆积太厚,以 5～6 厘米为宜,每日翻动 5～6 次,防止发热。2～3 天后,果实全部裂嘴,可用柳条抽打,使种子与絮毛脱离,然后用细眼筛子筛 2～3 次,除去种絮和夹杂物。一般每千克种子大约 100 万粒,如果是从别处买来的种子,要仔细检查,看是否有细沙等混杂物,种子不纯影响育苗。

垂柳可随采随播,如遇阴雨天暂时不能播种,可将种子放入防潮的容器中或袋中悬挂于低温的水井或土窖中,随用随取。从外地采集购买的种子,为促进迅速发芽,种子可适当喷洒冷水搅拌,经过 2～3 个小时后种子充分吸收水分即可播种。刚刚调制出的种子含水量高,很容易霉烂,要经常晾晒。如种子外运,应将种子含水量降到 8% 以下,密封于容器内,运到目的地后立即摊放于凉爽、干燥的房屋内,以备播种。隔年贮藏时,应在干燥密封和低温下保存,把种子的呼吸作用控制到极低的程度,其含水量应保持在 4%～5% 为宜,含水量低于 3% 时对发芽不利。

③适时播种　随采随播,出苗整齐,幼苗生长旺盛,新采种子发芽率达 95% 以上,一般条件下放置 20 天以后,发芽率下降到 60% 以下,且播后出苗迟缓、不整齐,长势不旺。

经过贮藏的种子,播前需将种子浸湿催芽,并用 0.5% 的硫酸铜溶液消毒,适时早播,以延长苗木生长期,提高苗木质量。

播种时应把已做好的床面进行 1 次整平、镇压、浇透底水。然后播种。一般每667平方米播种量为1千克。

④播种方法　目前生产实践中,经常用的方法有撒播和条播。

撒播是将种子均匀地撒播在床面上,然后用细沙覆盖1～2毫米,用木碌镇压1次,或者用笤帚顺床面轻拉一遍,再用细眼喷壶浇水。其优点是便于手工操作,产苗量高,但不便于土壤管理,中耕困难,通风不好,而且用种量比较大。

条播是按一定行距,将种子成带状地播种在床面上。条播中又以宽幅条播的效果较好,播幅3～5厘米,条距10厘米,播后用细沙覆盖1～2毫米,然后用细眼喷壶浇水,此种播种方法,便于土壤管理,便于使用工具和机械,通风良好,而且节约用种。为了使播种方便,种子均匀,不论使用撒播还是条播,每千克种子可掺细沙4～5千克。

由于种子细小,播种中应注意,一定要选择无风天或早晚无风时进行播种,以免风吹跑种子,风大的地方要设防风障;播种时要做到随播种、随覆沙、随镇压、随浇水,各工序间隔时间不可太长;要严格掌握覆沙(土)厚度,以不见种子为限度,覆沙厚了影响出苗率。

(3)扦插育苗　柳树扦插容易生根成活,操作比播种育苗简单。

①插条的采集与贮藏　插条要选择1年生苗干为宜,健壮的萌芽条为最好,这样条芽饱满、健壮、营养及水分充足,容易成活,粗度以0.8～1.5厘米为宜。

采条时间。春、秋两季均可采集。采后不能立即扦插,要进行妥善保管,以防失水和霉烂。秋季采集的插穗可用露天藏法贮藏,即选一块排水良好、土壤疏松的地方,挖深、宽各1～2米的坑,坑底铺一层10～20厘米厚的沙子,然后铺一层条子盖一层沙子,依次层层埋入,距坑面20厘米处,再用沙子填平,春季开始扦插时,层层取出。条窖要有通风口和保持一定的湿度,以防干燥和发霉。

②剪穗　扦插前要把插条剪成15～20厘米的插穗。开始插穗时,应先剪去插条的根基部分10～20厘米和条梢的30～40厘米,因为一般插条的根基部,容易劈裂风干,条梢部分木质化不好,插后不易成活。插穗上部要平剪,距剪口1厘米处,要有一个比较饱满的芽苞,每个插穗上要有2～4个芽苞,插穗下部要剪成马耳形,以增加吸水面积。

③扦插的时间与方法　春季扦插在芽萌发前进行,在吉林省多数是4月上旬,土壤开冻15～20厘米时,即清明节之后,以抢墒顶浆扦插为最好。扦插前,可将插穗放入水中浸泡1～2天,以促进插条生根发芽。插时要斜插,插穗顶端与地面一平,插后有条件的地方要及时浇水,幼苗生根前浇1～2次水,以后每隔15天浇水1次,6～7月间施肥2～3次。

秋季扦插,在落叶后至土壤结冻前进行,扦插时采用直插,插后覆土6～10厘米,翌年春发芽前将覆土扒去。

扦插时一定注意不能倒插,无芽苞的不插。扦插密度要适当,深度一致,距离均匀。一般采用垄式扦插,每垄2行,行距15厘米,垄距60～70厘米,每667平方米15 000株左右。

3. 造　林

(1)造林地选择　河岸、河漫滩地、沟谷、低洼地、"四旁"或地下水位1.5～3米的冲积平原、平地、缓坡地,水分条件好的沙丘边缘的沙土至黏壤土,均可造林。干旱丘地、山梁地、排水不良的黏土,未经改良的中度以上的盐碱土,不宜造林。

(2)整地　荒地要提前1年或1季进行带状或全面整地,

积水洼地要进行修筑埂整地,"四旁"穴状整地。

(3)造林方法　主要采用植苗造林、插干造林、埋干造林、插条造林等。各地可因地、因苗制宜选择造林方法。

①植苗造林　通常用1～2年生壮苗造林。栽植时,要掌握根系舒展,切勿窝根,适当深埋,栽后踏实。

柳树特别是垂柳是四旁绿化的重要树种,特别适宜于栽在池塘周围和河流渠道两旁。作为"四旁"绿化要选用大苗,即2～3年生的扦插苗或实生苗,高2.5～3米,地径3.5厘米以上。

在公园、城市或居民点绿化,要选择雄性垂柳;因为雌株在春天产生大量柳飞絮,俗称"六月雪",不利于环境卫生。

近几年来,有的地方为了美化机关单位庭院,在秋季栽植了5～6年生断头垂柳,翌年春天萌发出很多枝条,树形很美,一举绿树成荫。

②插干造林　一般选取高干,在秋季落叶后至春季萌芽前,从十几年生的母树上,选取粗3～8厘米,长2.5～4米,皮色光滑新鲜,髓部不具红心的壮实干条,不留侧枝,两端切面光滑,不使劈裂和伤皮。在插干前用水浸泡10天左右,栽前挖好坑,坑深1米左右,直径40～60厘米,直立栽植,分层填土,分层砸实,务求干条固定。这在柳树母树较多的地方可采用这种方法造林,造林成林快。

③埋干造林　如果种条来源不足,可利用较粗的树枝进行埋干造林,将干材切成30厘米左右长,放在用犁破垄开成的沟里,芽朝南向放,梢部可稍垫土,然后覆土20厘米左右,压实。

④插条造林　柳树插条造林一般是在伏天雨季进行。这种方法适宜在江河沿岸、池塘溪边、低湿洼地等。红皮柳是在

伏天雨季插柳的主要树种。九台县上河湾乡五台村,自 1975 年以来,年年坚持伏天雨季插柳,在河边插柳 66.7 多公顷。不仅防止了洪水冲刷,保护了农田,稳住了河道,而又扩大了绿化面积,增加了农民收入,并积累了丰富的伏天插柳经验。伏天插柳分为:

插条:是在伏天雨季阴雨天进行的,在柳丛中割下树根柳条,截成 70 厘米左右长,按 1 米×1 米株行距,边割边插,插入土中 15～20 厘米,几天后很快形成新根。

埋条:在河边、低湿地计划造林的地方,每隔 2 米挖宽 50 厘米、深 40 厘米的沟,然后将割下的柳条按 1 米间距横放在沟中,埋入 30 厘米厚的土,条两头露出沟面 10～20 厘米。

压条:在柳丛周围,把一部分柳条压倒在地面上,在压倒柳条的基部盖上几锹土,条梢很快形成新的植株。

伏天雨季插柳虽然方法不同,但一定要掌握住火候,要选择伏天雨季阴雨连绵的天气,一般在 7 月中下旬进行。

(4)造林密度 根据柳树不同品种及立地条件、造林目的,确定适宜的造林密度。一般常用 2 米×2 米、2 米×3 米或 2 米×4 米。红皮柳造林密度要大些,可以多出些柳条,便于形成柳通林。

4. 抚育管理

(1)播种苗的抚育管理 播种后的管理工作,是育苗成败的关键,也是苗木丰产、优质的关键。因此,柳树播种后一定要加强苗木的田间管理,做好浇水、追肥、除草、松土、间苗、防治病虫害等项工作。

①浇水 水是种子发芽和苗木成活的基础。在日平均气温 18℃以上的情况下,柳树播种 2 天,种子即可开始出土,

3～5 天幼苗大量出齐,这时幼苗要求充足水分,应经常保持床面湿润。浇水采取少量多次的办法,每日浇水 2～4 次,每次每 667 平方米浇水 1 立方米左右,如果浇水太多,容易引起幼苗根腐烂;如果水分不足,很容易出吊干芽子,所以高深莫测在勤浇适量。当幼苗有 50% 左右出土时,要撒去覆盖物,这时要适当增加浇水量,以防止日灼和风沙害。随着气温的增高和幼苗的生长发育,要加大水量,减少浇水次数,每日可浇水 1～2 次,每 667 平方米每次浇水量为 1.5～2 立方米,浇水工具可用喷壶、人工降雨机等。

②除草和松土 除草和松土是保证幼苗健壮成长的重要措施。要掌握"除早、除小、除了"的原则,播种地面要保持干净无草和土壤疏松。一般当年除草 6～8 次,松土 3～5 次,松土时可用猫爪耙等工具。

③追肥 追肥是促进幼苗迅速生长和充分发育的重要措施。追肥时要掌握"少量多次,看苗定量"的原则,苗木初期幼根刚刚扎下,追肥量可少些,随着气温的增高,苗木侧根的生长,追肥量逐次增加,沙性土壤瘠薄,保肥力差,每次可多施一些。碱性土壤要注意多施酸性肥料,酸性土壤要施些碱性、中性肥料。一般追肥量,第一次施肥每 667 平方米 6 千克,第二次每 667 平方米 9 千克,第三次每 667 平方米 12 千克,追肥 3 次即可。每次间隔 7～10 天,最后 1 次追肥不得晚于 7 月末,以免苗木贪青徒长不能木质化。

(2)扦插苗的抚育管理

①中耕除草 要本着"除早、除小、除了"的原则,经常进行松土除草,以保持土壤疏松干净无杂草,防止杂草与幼苗争夺养分、水分。头几次松土可用手把锄,并及时拔掉杂草,7月末至 8 月初可用犁犁一遍,封上大垄。松土时注意不碰动

插穗、不伤根、不伤芽。

②浇水追肥　扦插后要做到侧浇水（沟灌），在生育期还要根据旱情，适时浇水。在苗木生育期要追肥 2 次，施硝酸铵每 667 平方米 6～7 千克，追肥时间 6 月中旬至 7 月中旬，太晚苗木贪青，不能木质化，做法可结合耥地进行。

③及时摘芽和修枝　为了促进插条苗的正常生长，培育成优良主干，当苗高达 15 厘米时要及时摘除腋芽，要求做到勿伤表皮，以防病虫侵入，从芽的基部抹掉为宜。在扦插圃地，每米间留 2～3 株，2～3 年后即可移栽。为培育强壮主干或开展型的树冠，须及时进行修枝，整好树形，使树冠圆满美观。

(3) 幼林抚育管理　造林后要及时进行幼林抚育管理，这时保证苗木成活，促进林木生长是有重要意义的。幼林抚育主要是除草和松土，除草防止土壤水分、养分的消耗，以利于苗木生长需要。松土是切断土壤毛细管，减少土壤水分蒸发，改良土壤结构，便于雨水渗透，促进苗木生长。

幼林抚育一般造林后连续进行 3 年，平原地区如果是林粮间作可与大田铲耥结合。抚育的时间和次数：一般造林后的第一年 3 次，第一年春耕前或结合春耕进行。第二次结合铲头遍地进行，第三次在铲二遍地或铲三遍地进行。第二年 2 次，第一次在春耕后铲头遍地前进行，第二次结合铲二遍地进行。第三年 1 次，在 6 月上旬进行。不能林粮间作也应在这个时间进行，可用抚育镐除掉苗周围的杂草，3 年后如林木尚未郁闭，林内杂草很多，还应进行抚育。

幼林抚育要认真做到："三不伤"：不伤梢、不伤皮、不伤根；"二净"：草净、石头净；"一培土"：不能耥的铲后在地际径处培一层土。松土要做到头年深，二年浅，三年破空垄。

俗话说"三分造，七分管"，可见造林管护的重要，因此造林后除搞好幼林抚育外,要加强林木管护,防止人、畜为害,千方百计巩固造林成果,使林木早日郁闭成林。

(4)成林抚育管理

①修枝 造林后3年内,以培育和促进树冠及根系发育为主,一般不修枝,幼林郁闭以后,开始修枝。

修枝的强度:林内修枝后树冠占树高的比例随树龄增大而递减,一般5年生以前约为2/3,6～10年生约占1/2,10年生以上的不超过1/3,适当修枝可促进树木生长,对行道树、庭院树树冠要大些。

修枝的次数、季节:在保持一定树冠长度的前提下,修枝的次数取决于培育目的、经济条件和枝条的利用程度。用材林修枝次数可多一些,风景林修枝次数可少些。修林季节最好是在晚秋和早春进行,这时修枝树皮不易撕裂,严冬不好,会延长愈合时间。

修枝的方法:用刀、斧、锯进行。一种是齐树干截去,另一种是留枝桩(2～3厘米),留桩的在第二次修枝时再砍去前次的留桩。修枝时切口要光滑,不撕裂树皮。

②间伐 柳树造林5～7年林木郁闭后,郁闭度0.9以上,进行首次间伐。间伐强度要根据林分的密度、生长状况、立地条件及要求而定。第一次株数间伐强度在20%左右,一般间伐后的株行距为3米×2米或2米×4米,再过5～6年以后,郁闭度在0.8以上,进行第二次间伐。第二次株数间伐强度要低于第一次间伐强度,间伐后的株行距为3米×4米或4米×4米。间伐原则是:砍劣留优,砍小留大,砍密留稀,做到砍中有留,留中有砍,保证质量,留匀留够。密度大生长好的人工林,可实行隔行、隔株间伐,郁闭度低于0.7不能进行间伐。间伐前先要选树挂号,防止错砍、漏砍。

③头木作业 又叫萌芽作业。利用柳树萌发能力强的特点，截去主梢，促进侧枝斜生长。每隔数年，从头木上更新一次，每次可收获数根乃至十几根椽材，头木作业可连续数十年。这种经营方式深受群众欢迎，并在实践中积累了丰富的经验，做法如下。

定干：插条、插干、植株造林的林木都可以进行头木作业，但以插干造林采用此法比较普遍和简便。插条和植株，当树干粗达5～10厘米时，也可截头定干。插干造林后3～5年，主侧枝分明后，截去主梢定干，干高以2～3米便于作业。在定干同时，调整密度，行距保持5～7米，株距5～6米。

选留侧枝：定干后1～2年，植株萌条很多，可自主干顶端以下0.5～0.8米内围绕主干均匀地选留5～8根健壮的侧枝，既用以培养首茬椽材，又作以后各茬椽材的骨架，经过数年，首茬椽材长成，自基部0.3～0.5米以上砍去，留下基桩作以后各茬椽材的支柱。从培育二茬椽材开始，根据地力，每一基桩保留2～3个或更多的强壮萌条，但要注意全树布局，外侧多留，中间少留，排列均匀，枝间空隙大小比较一致，使满树透光，气流畅通。

作业季节和方法：定干、留枝、砍椽，可在秋季树木落叶后至上冻前，或春季土壤开始解冻至树木萌发前进行。夏季作业效果不好。定干和砍椽的工具要锋利，茬口可砍成馒头状，勿使破裂和撕伤树皮。

抚育：为使水分集中供应选留枝生长，各年新萌出的枝条都应除去。如选留枝过多，生长过程中形成分化时，可适当间伐弱枝。

5. 病虫害防治

（1）立枯（根腐）病

①症状　是苗圃比较严重和最普遍的一种病害，对幼林危害严重。主要症状是幼苗根皮和侧根腐烂，茎叶枯黄，一拔就"脱裤"，但死苗不倒。一般发病后是成片或团状的苗木一齐死掉，发病时期一般在柳苗出土 10 天左右。

②防治方法　发现病状应及时施药，在小苗出土后要喷洒波尔多液预防病害发生，施药期间每隔 7～10 天喷 1 次。如果发现病状，每隔 3～5 天喷洒 1 次药剂。调制波尔多液的方法是：用大桶 1 个，小木桶 2 个（或缸），用硫酸铜 0.5 千克放入小木桶中，生石灰 0.5 千克放入另一个小木桶中，每桶加水 2.5 升，搅拌溶化后除去渣子，再将两个桶各加 7.5 升清水，将大桶先装清水 30 升，然后将两个小桶药液同时慢慢地倒入大桶中，边倒边搅拌，充分化合后便成为天蓝色的波尔多液，浓度为 1%，每 667 平方米喷药液 50 升。发病后要积极消灭，并把病苗拔出用火烧掉，防止蔓延。

（2）黑斑病及叶斑病

①症状　主要症状是先叶面上出现圆形和不规则的黑褐色斑点，严重时黑斑遍布整个叶面好像黑漆涂染，渐渐叶片变黑脱落，幼苗枯萎死亡。

②防治方法　用 1%波尔多液每周喷洒 1 次，直至治愈。也可喷洒蒜石液，调制方法是用大蒜 0.5 千克，生石灰 0.5 千克，加水 5 升，制成原液，稀释成 1%～2%的溶液，每 667平方米用药量 50 升，或用 0.5%可湿性代森锌加水 500～600倍，每 667 平方米用 2～3 升喷洒幼苗。

(3) 柳 锈 病

①症状　幼苗幼树受害率较高,尤其播种育苗,初期苗地湿润,密度又大,就更容易感染蔓延。主要症状是苗木叶部出现斑点和黄色粉末,渐渐叶片脱落,严重地影响了幼苗的生长发育。

②防治方法　及时间苗,定苗,控制浇水时间和浇水量,发病期喷洒1:1:100倍的波尔多液或敌锈钠200倍液,每10天1次。

(4) 柳 毒 蛾

①症状　是柳树常见的叶部虫害,很少造成毁灭性灾害,幼虫在夜间上树吃树叶,白天下树潜伏在树干基部周围落叶层或树缝里。

②防治方法　用90％敌百虫晶体1500倍液喷洒树冠,毒杀5~6龄幼虫效果很好,也可用50％二溴磷乳剂或50％杀毒松乳剂1000倍液防治3~5龄幼虫,还可以用黑光灯诱杀成虫。

(5) 柳 天 蛾

①症状　大发生时,幼树新梢上的叶片全被吃光,在地面上可见被咬掉的叶片和黑褐色粪便。

②防治方法　幼虫期喷洒50％杀螟松乳剂或90％敌百虫晶体800倍液,成虫可用黑光灯诱杀。

(6) 柳 金 花 虫

①症状　幼虫为害叶片。

②防治方法　利用成虫假死性,振落捕杀;用90％敌百虫晶体或45％马拉松乳油500~600倍液毒杀成虫及幼虫;成片林用杀虫烟雾剂毒杀成虫或幼虫。

(7)柳瘿蚊

①症状 成虫产卵于嫩枝或幼干的树皮裂缝或皮孔中，孵化后幼虫为害枝干，形成肿大瘿瘤，影响材质，造成枝干死亡。

②防治方法 可抓住成虫羽化和产卵的时期进行，因为柳瘿蚊成虫羽化和产卵的时间短而集中，一般在4月上旬将瘿瘤外糊一层泥，泥外缠上一层稻草，这样柳瘿蚊成虫羽化后就飞不出来了。另外，用小铁锤将瘿瘤外层组织锤破，也能锤死里面的幼虫。或者用刀削去瘿瘤外的薄皮，瘤内温、湿度由于环境的变化，使幼虫不能化蛹，蛹也不能羽化，最后干瘪而死。还应随时注意保护天敌。

(8)柳干木蠹蛾

①症状 幼虫为害树干。

②防治方法 冬季伐除被害树木；成虫出现在树干下部涂刷白涂剂，防止成虫产卵；卵孵化期间，在树干喷洒40%乐果乳剂或杀虫脒1 000倍液；发现新鲜虫孔，注入敌百虫100倍液，再用黄泥堵塞虫孔。

(四)胡枝子

胡枝子，在习惯上又叫杏条、苕条、随军茶、扫条等。胡枝子是一种用途广泛，经济价值较高的灌木树种。它繁殖容易，萌芽力强，根系发达，有根瘤菌，适用于做水土保持体、防风固沙林、薪炭林和混交林等树种；在医学药用方面也有很高的价值；尤其在多种经营生产中作用更大。

胡枝子被作为薪炭材的主要树种，造林后的第一年，每公顷可产薪炭材干重2.9吨，第二年6.1吨。吉林省中西部地区烧柴主要以农作物秸秆为主,营造胡枝子林是解决当地薪炭材不足的有效途径。它不但能使秸秆还田,增加土壤肥力,保证农业稳产高产,而且还能加快绿化速度,改善当地的生态条件。每667平方米胡枝子林在吉林省每年平茬后,可以获得干柴1 250千克左右。每个农户如果营造0.2～0.3公顷胡枝子林,就能解决半年左右的烧柴,并避免了因搂烧柴而破坏草原的现象。

图6-15 胡枝子

1. 根 2. 分枝 3. 茎一段 4. 花
5. 萼 6. 旗瓣 7. 翼瓣
8. 龙骨瓣 9. 果荚

1. 生态习性

胡枝子在全世界大约有90余种,我国有65种,吉林省主要是短梗胡枝子。

胡枝子是一种落叶灌木,高1～3米,多分枝、密集、枝黄褐色至暗灰褐色。小叶具棱,有柔毛,宽卵形之倒卵形,长2～5厘米,先端圆形,有芒伸出,基部圆形,叶面深绿色,叶皆灰绿色并贴生柔毛;叶柄平滑或被疏毛。总状花序腋生,在枝顶常形成圆锥花序;花长1厘米左右,花冠蝶形、紫红色。荚果宽椭圆形,长6～8毫米,微被贴生柔毛。7～8月份开花,9～10月份果子成熟(图6-15)。

胡枝子分布很广,吉林省通化地区的长白县、抚松县,延边地区的和龙县,东部的半山区和西部草原地区都有分布。胡枝子属于浅根性树种,耐干旱贫瘠,不择土壤。在紫色土或土质松厚的地方生长更好,在盐碱地里长势较差。怕水湿,在排水不良积水处生长易涝死。

2. 造林技术

(1)种子的采集和处理

①采集时间　胡枝子7～8月份开花,种子9～10月份成熟,当胡枝子的荚果呈黄褐色时,即可进行采集。

②种子贮藏　采集的种子晒干后,通常带荚干藏;为了便于调运,也可以把荚脱去进行贮藏。

种子的贮藏是造林中的关键问题,如果种子贮藏得不好,第二年的发芽率就低,必然会影响造林。所以,即使入库的种子已经充分干燥,如果贮藏的环境不能保持相应的干燥,也达不到安全贮藏的目的。如库房的墙壁有缝隙,屋地潮湿,都会使已经干燥的种子返潮。因此,在种子充分干燥入库以后,要尽力保持种子库内部的干燥。各家各户通常在仓房里贮藏种子,贮藏时可用麻袋装种子,把麻袋放在通风处或棚杆子上,切不要放在外屋地上和粮食囤子上。少量的种子更应单独存放,保管好。此外,在种子贮藏期间还要严防鼠害。

③发芽能力的检验　种子经过贮藏后,必须对种子的发芽能力进行检验。根据检验的结果,决定播种量。通常的检验方法很简单,有以下两种:一是发芽率。发芽率是正常发芽的种子数与供试种子数的百分比。为了使发芽率比较精确,除发芽率试验的条件必须一致外,参与计算的只限于正常发芽粒。同时,还要对发芽试验的期限有统一的规定。二是发

芽势。发芽势是发芽种子数达到高峰时,正常发芽种子的总数与供试种子总数的百分比。它是反映种子品质优劣的主要指标之一。发芽率相同的两批种子,发芽势高的种子品质就好,播种后发芽比较迅速、整齐,发芽率也高。在播种前,最好结合发芽率和发芽势两个指标去检验种子的发芽能力和水平,以达到一次播好种,一次出全苗的目的。

④种子催芽 胡枝子的种子通过催芽,不仅可以解决种子的休眠状态,而且还能使幼芽适时出土,出苗整齐。同时,还可以增强苗木的抗病、抗寒、抗旱以及抗御其他自然灾害的能力,提高苗木的产量和质量。

春播时,如果种子不经过催芽,那就需要较长时间能发芽出土,还会损失一些种子,造林时缺苗断条。此外,胡枝子苗木出土时间在5~6月份,而这个季节正是北方地区干旱期,容易造成育苗工作的失败。

胡枝子通常采取水浸催芽。在催芽中要注意两个关键性环节:一是浸种的水温;二是浸种的时间。浸种的水温对催芽有很大影响。一般为了使种子尽快吸水,常用热水浸种。胡枝子浸种的水温可控制在40℃~50℃。水温对种子的影响,与种子和水的比例以及种子受热是否均匀等有密切关系。水温相同,种子和水的比例不同,种子受热的程度也就不同。浸种时,种子与水的容积比以1:3为宜。将水倒入种子的容器中,边倒边搅拌,搅拌均匀后再使其自然冷却。胡枝子的浸种时间为2~3天,在此期间最好换几次水。当种子有25%~30%"裂嘴露白"时,即可进行播种。

(2)苗木的培育

①苗圃地的选择 胡枝子对苗圃地的要求不十分严格。一般小面积造林,苗木需要的不多,所以苗圃地也很好选择。

房前屋后，都是很好的圃地。如在荒山、荒坡造林，也可以在其附近划出一小块圃地。这样能使培育的苗木更加适应造林地的环境条件，又可避免因长距离运输，致使造林时苗木根系失水干燥而影响造林成活率的现象。但要注意在气候干旱寒冷的荒山、荒坡处建立胡枝子苗圃时，应选择在阳坡的中下部，并且在东南方向最好。像寒流汇集、低洼积水、岗脊地、重碱地，则不宜选作苗圃地。

②苗圃地面积计算 苗圃地面积的大小，应与造林地面积的大小相适应。面积过小，所育的苗木不够造林用；面积太大，育出的苗又用不了，造成浪费。所以，可通过简单的公式计算来解决这个问题。

$$S = \frac{N \cdot A}{n}$$

式中：S——所需胡枝子的育苗面积；

N——每年需要胡枝子的苗木量；

A——育苗的年龄；

n——胡枝子单位面积内的产苗量。

例如，某家庭专业承包的苗圃每年外出订购胡枝子的苗木为 300 万株，育苗的年龄为 1 年，胡枝子单位面积内的产苗量为 30 000 株/667 平方米。那么所需要胡枝子的育苗面积：

$$S = \frac{N \cdot A}{n} = \frac{1 \times 3000000}{30000} = 6.7 \text{ 公顷}$$

即所需胡枝子育苗面积为 6.7 公顷。

如自己育苗、造林，可根据公式适当确定育苗面积。

③整地 整地是育苗重要环节，胡枝子虽然对土壤要求不严格，但随着林业生产逐渐向集约经营方向发展，整地是不可少的生产环节，是保证苗木丰产的基础。通过整地，翻动了

耕作层的土壤,促使深层的土壤熟化,为恢复和创造土壤的团粒结构创造有利条件,整地的目的,一是加强土壤的透水性,有利于苗木的根系呼吸,增进养分吸收。在育苗前,对苗圃地进行充分整地,通过耕地(播种育苗的整地深度在25厘米左右为宜,插条育苗的整地可适当深些)、耙地、镇压、中耕等环节,达到精耕的目的。

通常苗圃地有3种整地方式:育苗地整地;农耕地整地;生荒地及撂荒地的整地。根据吉林省的特点和林业上的发展趋势,胡枝子的苗圃地大多都建在生荒地和撂荒地上。生荒地经常生长多年生和1年生杂草,草根盘结,较干燥,整地目的就是消灭杂草,促进生草层迅速分解,疏松土壤,保持水分,使土壤充分熟化。其整地措施主要决定于杂草的茂盛程度和草层的厚度。在杂草较少的荒地上,秋天耕耙后,翌年春天就可以育苗。在杂草茂密的生荒地上,开荒前最好割草堆积绿肥或烧荒。这样,不但能清除荒地上的杂草,还能增加土壤的肥力,一举多得。以后,用重耙交叉耙几遍,以切碎紧密交错的生草层和翻理杂草的种子。待杂草的种子萌发时,再进行耕地,耕后及时耙地效果较好。吉林省东部山区冬季多雪,秋天耕地后可以不耙地,这样有利于土壤风化。开荒后欲做圃地的生荒地,先种一年农作物或休闲。通过田间管理,基本上消灭杂草。秋天再次整地,翌年即可做圃地。如果春天整地,翌年也可做圃地。对于一些多年的撂荒地和禾本科杂草非常繁茂的地块,其整地措施和生荒地相同。整地越细致,育苗的效果越好。

(3)育苗方式 胡枝子适合于播种育苗和插条育苗两种方式。

①播种育苗 一般有条播、点播、撒播3种方法。条播每

667 平方米播种量为 1.5～2 千克，每 667 平方米产量可达 5 万～6 万株。条播覆土不宜过厚，一般在 0.5 厘米左右。为了保墒，可用塑料薄膜覆盖播种地。也可用稻草、帘子及腐殖土等作覆盖物，但覆盖物不宜过厚。用草覆盖以不见地面为宜，用腐殖土厚度为 1～1.5 厘米。胡枝子穴播适于土壤较好的地方，每 667 平方米为 1 500 穴左右，每穴播种 7～10 粒。撒播的胡枝子产苗量高，但不便于土壤管理，播种量较大，一般不提倡。

②插条育苗　插条育苗方法简便易行，是胡枝子苗木生产的有效方式。胡枝子插条育苗，就是在其枝条上截取一部分进行育苗。采条时期过早或过晚对生根都有影响，一般应在枝条内所含营养物质最多，含水量也较多的季节采条。所以，采集胡枝子枝条应在秋末、冬初为宜。选取粗 1 厘米左右的主干，截成 13～20 厘米长，直接插入圃地，或将枝条贮藏，翌年春天再插入圃地。贮藏越冬的枝条要捆成捆，竖放在室内阴凉处。室外贮藏枝条要选择在排水良好的高燥地方挖坑。其深度取决于当地的地下水位及土壤结冻层深度，一般为 60～80 厘米，长、宽取决于条子的数量。贮藏时，先在沟底铺 5 厘米厚的湿沙，再把捆成的插穗小头向下直立于沟内，先排放一层，当放到距地面 20 厘米左右时，上面全部盖沙，并略高出地面。以后随气温的下降，不断地向上培土，以防插穗受冻或干燥。为了便于通气，防止发热，在沟内应插通气把（用秸秆即可）。

胡枝子春天扦插效果好，一般行距 30 厘米，株距 10 厘米。插后应覆土，上面露出一个头即可，然后随气温的转暖，再逐渐用耙子搂去上面的覆土。

(4)苗期管理

①遮荫　胡枝子的幼苗期或生长期易遭受高温日灼的危害,所以要进行遮荫。遮荫的材料可用稻草帘子、秸秆等。遮荫要求透光度为50%左右。遮荫时间一般以上午10时至下午4时,早晚和阴天不必遮荫。一般在幼苗木质化或夏末之前停止遮荫。

②间苗　间苗的目的是调整苗木密度,淘汰弱苗,使苗木有一个更大的营养空间,培养出更优质的苗木。当胡枝子的幼苗有3~5个侧根时即可进行间苗,并及时定苗。同时,对缺苗断条的地方在间苗时也可以补上。补后的苗木要浇足水。间苗不宜过量,第一次留苗数不应少于计划产苗量的两倍,最后一次定苗也要比计划产苗量多留出5%~10%。

③除草　杂草是苗木的劲敌。苗圃杂草生长迅速,繁殖力强,和苗木争夺水分、养分、光照。有些杂草还是病虫害的根源。因此,育苗必须及时清除杂草。除草要及时,即"除早、除小、除了",这样既省工又省力。人工除草强度大,工作效率低,在有条件的地方,可采用机械除草和化学除草。使用化学除草剂要选用无风天气,喷药要均匀,切勿把药剂喷到苗叶上。

④灌溉　在苗木生长期间,浇水次数和时间要根据气候、土壤湿度和苗木生长情况而定。在幼苗期间,苗木根系浅,对自然灾害的抵抗力弱,易干旱,所以要勤浇水。但每次浇水的数量不要过大;在速生期,苗木生长迅速,需要大量浇水,每次要多浇、浇透;土壤浸润深度以达到主根分布深度为宜。在速生后期,苗木逐渐停止生长,准备越冬,最好少浇水或不浇水。

⑤施肥　施肥是利用各种肥料改善土壤肥力的因素,并是间接改善土壤肥力的条件。施肥可以改善土壤物理性质,

增加土壤的容气量,促进土壤微生物的活动,加速有机质的分解,减少土壤养分的淋溶和流失。胡枝子对土壤肥力要求不严格,成龄的胡枝子固氮能力很强,有助于土壤肥力的提高,但胡枝子的苗木则需要一定的肥料。给苗圃施肥时,应少施化肥,多施农家肥,如人粪尿、牲畜粪尿、堆肥、腐殖质、绿肥等。施肥分基肥、种肥、追肥3种。

基肥:施基肥可以保证长期不断地供给苗木所需的养分。肥料以肥效期长的各种有机肥料为主。为了调节各种养分的比例,也可少加入部分速效氮肥和大部分磷肥。

种肥:种肥是在播种时施用的肥料,目的是供给幼苗生产期所需要的养分。为了集中施肥,而又避免浓度过高,最好用颗粒磷肥作种肥。

追肥:在苗木生长期间,用速效肥料追肥,目的在于及时地供应苗木生长所需要的养分,促进苗木的生长。但到了苗木生长后期,要停止施肥。苗期几种肥料的用量用法见表6-4。

表6-4　苗期不同肥料的用法与用量

肥料种类	追肥用量(千克/667平方米)	施 用 方 法
人 粪 尿	100～150	稀释到5%～10%
硫 酸 铵	2～3	0.5～2.0千克/100升水
硝 酸 铵	4～6	0.5～2.0千克/100升水
尿 素	1～2	0.4～1.0千克/100升水
硫 酸 钾	5～10	粉碎后撒施苗床并覆土

⑥防霜冻和越冬　春季播种或插条的幼苗刚发芽时,如遇晚霜,幼苗易遭霜冻。防止霜冻的方法可用烟熏。温暖的烟雾能吸收一部分水蒸气,使其凝成的水滴放出潜热,能使地表温度增高1℃～2℃。稻草、麦秸、锯末、枝条等都是熏烟的

好材料,每公顷分布50堆,每堆20～25千克。在预测到有寒霜的夜间,当温度下降到0℃时,把草堆点燃,燃烧时要做到火小烟大,保持有效的烟幕,日出后应继续保留1～2小时。

苗木越冬死亡的原因主要是早春干旱的吹袭,使苗木地上部分失水太多,而根系因土壤冻结不能供应地上部分所需的水分,苗木体内因失去水分平衡而死亡。胡枝子的苗木越冬可采用土埋法。埋土时间不宜太早,在土壤解冻前开始,早埋苗木易烂。埋土的厚度因地而异,以超过苗梢1～10厘米为好。早春撤土应分两次进行。撤土后要立即进行一次充足的浇水,这样不但能满足早春苗木所需的水分,而且还是防止早春生理干旱的有效措施。

3. 造林技术

把造林仅仅理解为就是"挖坑栽树"是不对的,而造林时又不掌握一定的技术,不采用一定的科学方法,所造的林是达不到速生丰产的目的。造林时必须掌握基本的技术措施,诸如造林前的整地、造林方法的选择、造林密度的确定等,这样才能达到预期的目的,取得更大的经济效果。胡枝子的造林技术和方法比较简单,主要应掌握好以下几点。

(1)造林地选择 造林具有区域性。不同地区的造林地所具有的特性不同,如吉林省东部属于山区,西部是平原,在地形、土壤、生物、水文、人为活动及光照、气温等方面都有所不同。所以,在不同地区进行胡枝子造林时,就应选用不同的栽培技术措施,尤其是要选择好造林地。

①荒山荒地 荒山多分布在吉林省东部和中部山区、半山地区。由于其上面的植被不同,又可分为草被、灌丛等地。荒山草坡因其植物种类及草类的疏密不同而有很大差异。消

灭杂草,尤其是消灭根茎性杂草及根蘖性杂草,是在荒草坡上造林的重要一环。荒草植被一般不妨碍种植点的配置,因此可以均匀配置造林。当造林地上的灌木覆盖度占总覆盖度5%以上,即为灌木坡。灌木坡的立地条件一般比草坡造林好。但灌木坡对幼树的竞争作用也很强,高大茂密的灌丛遮光及根系竞争作用更为突出,需要进行较大规模的整地。但另一方面也可利用林地上原有灌木保持水土,改良土壤及对幼树进行侧方遮荫。有时可在灌木坡上适当加大行距,减少造林初植密度。

②农耕地 胡枝子常作为农田防护林的混交树种在农耕地里营造。农耕地一般平坦、裸露、土厚、条件好,便于机械化作业。但农耕地耕作层下往往存在较为坚实的犁底层,对林木根系的生长不利,所以在栽培胡枝子时应引起注意。

③四旁地、撂荒地 四旁地是农村植树的好地方。它可以充分利用土地资源,便于经营管理。但由于距村宅较近,易受牲畜的危害,有的地方则有墙屋挡风、遮荫等影响。

撂荒地一般土壤较瘠薄,植被稀少,有水土流失现象。撂荒多年的造林地与荒山荒地性质接近。一些退耕还林的撂荒地土壤条件很好,对整地造林是有利的。总之,对胡枝子不同造林地的选择,都要兼顾胡枝子的造林特点、经营目的去进行,这样才能有利于造林的成功。

(2)造林地的整地 在造林前对造林地的细致、适时地进行整地,可以使幼林生长量提高 20%~30%。整地的方式可以分为全面整地和局部整地。胡枝子林地的全面整地不常见,现把胡枝子林地的几种局部整地方式介绍如下:

①水平阶整地 一般沿着等高线将坡面修筑成狭窄的台阶台面。阶面水平或稍向内倾斜;山石较多的地块阶面要狭

窄一些,为 0.5～0.6 米,一般地块为 1 米左右;阶长要根据地形而定,3～5 米或更长一些也可。整地时要先从坡下开始,先修第一阶,然后将第二阶的表土下填,依次类推,最后 1 阶可就近取表土盖在阶面上(图 6-16)。

图 6-16 水平阶整地

②**水平沟整地** 沿着等高线进行挖沟,沟的断面形状呈梯形。沟的上口宽为 0.5～1 米,沟底宽 0.3 厘米,沟深 0.4～0.6 米;沟外侧斜面坡度约 45°;内侧植树斜面约 35°,沟长 4～6 米;两水平沟距离 2～2.5 米即可。挖沟时先将表土堆于上方,用底土培埂,再将表土填盖在植树斜坡上,也可将表土层铲下培于沟的下方,然后再从沟内挖心土盖在表土上培埂,最后,在内侧斜坡栽植苗木(图 6-17)。

图 6-17 平沟整地

1. 沟长 2. 内侧斜面 3. 沟深 4. 外侧坡度
5. 沟上口宽度 6. 沟底宽度

③**鱼鳞坑整地** 鱼鳞坑规格有两种:大鱼鳞坑长径 0.8～

1.5 米,短径 0.6～1 米;小鱼鳞坑长径 0.7 米,短径 0.5 米。坑面水平或稍向内倾斜,有时坑内侧有贮水沟与坑两角的饮水沟相通;坑的外缘有土埂,呈半球形,高 0.2～0.25 米。鱼鳞坑整地时,一般先将表土堆于坑的上方,心土放于下方筑埂,然后再把表土回填入坑。坑与坑排列呈三角形(图 6-18)。

图 6-18　鱼鳞坑整地

(3)造林密度的确定　林木生长在土地上,它们的树干和枝叶各占据着一定的空间,根系纵横交错,占据着一定的地域位置,从土壤中吸收着各种营养。实践证明,不同的造林密度,单位面积内林木的生长量就不同。一般来说,胡枝子的薪炭林、水土保持林和防护林的密度宜大一些;而胡枝子的经济林密度则宜小一些。常见的胡枝子造林其株行距有:0.5 米×0.5 米,0.5 米×1 米,1 米×1 米,1 米×1.5 米,1.5 米×1.5 米。由于胡枝子根蘖力强,3 年后每株根部还会萌发出 3～7 棵或更多的萌生条。所以,即使胡枝子造林的初植密度不大,但到后来生长密度也会很大。土壤条件好,密度可适当增大些,反之则小一些。

(4)造林方法

①植苗造林　植苗造林是应用最广泛的造林方法。胡枝子的植苗可在 5 月间结合间苗,用小苗造林;在整理好的造林

地上,于当年9～10月间将苗木离地面10厘米左右叉割1次,翌年春天挖根苗栽植。栽植前,应挖穴或开沟。穴径深40厘米、宽30～40厘米。每667平方米栽植1 000～2 000株。

胡枝子植苗造林后,苗木能否成活,与苗木本身能否维持水分平衡有密切关系,苗木从起苗到定植,要经过选苗、分级、包装、运输和造林前的修剪等各项处理,在这些作业中,要保护苗木不至于失水过多,就要进行周密的保护。所以,造林时最好是随起苗随栽植,尽量缩短时间,保持苗根湿润,不受日晒。在造林时,为防止苗根失水,可用装苗容器装苗。苗圃与造林地距离长,运输时苗木根部可进行浸水或蘸上泥浆等。为了提高造林成活率,也可将苗干截掉,只用茎和根系造林。

胡枝子植苗造林的时间一般选在春、秋两季。吉林省东丰县等地区近年来,进行两季造林,其成活率也很高。但两季造林必须选在"头伏末,二伏初",此时的雨量充沛,易使苗木成活,又是农闲时节,有条件的地方也可选在这个季节进行造林。

②播种造林 在水土流失严重的山坡,可进行胡枝子播种造林。播种造林时,种子条播于提前整好的造林地中,薄薄地覆土。每667平方米约用带荚种子1.5～2.5千克。土壤较好的地方也可以穴播,穴播呈三角形排列,每667平方米1 500～2 000穴,每穴播种5～7粒。

胡枝子的播种施工技术很简单,它不仅省去了繁杂的育苗工序,而且播种造林施工过程,包括种子的处理、运输和播种,比植苗造林的全过程简便易行,适于大面机造林和人烟稀少的山区造林。此外,胡枝子还能天然下种更新。

③胡枝子的混交林营造 胡枝子是农防林和用材林的良

好辅助树种。吉林省中西部地区的农防林树种单一，胡枝子作为其混交树种，不但能增强防护效益，而且胡枝子还能改良土壤，有助于其他树种的生长。吉林省落叶松与胡枝子的混交林、红松、樟子松等与胡枝子的混交林均好于它们的纯林。在营造胡枝子混交林时，其比例可控制在 20%～25%。混交方法株间混交、行间混交、带状混交等。

4. 抚育管理

营造胡枝子林要想达到成活、成林的目的，使其发挥更大的经济效益，还必须进行抚育管理，不断地对幼林进行松土、除草、灌溉、施肥及间伐等。如果只造不管，只能是年年造林不见林，即光植不护照样秃，其结果是劳民伤财，得不偿失。

为了提高造林成活率和保存率，巩固造林成果，必须贯彻"造管并举"，提高经营管理水平，使所栽的树木早成材，成好林。

(1) 松土、除草 胡枝子幼林的松土和除草可同时进行。松土的作用在于疏松表土，切断表层和底层土壤的毛细管联系，以减少土壤水分蒸发，改善土壤的透气性和透水性，加速土壤内部的有机质分解和转化，提高土壤的营养水平，以利于幼林的成活和生长。

除草的目的是排除杂草、灌木对幼树所进行的光、肥、水、气、热的竞争，避免杂草和灌木对幼树的危害。

对胡枝子的松土除草次数，要根据当地具体条件和幼树生育特点，综合考虑确定，既要考虑到林木的生长因素，也要考虑到经济效果。胡枝子头一年抚育 2～3 次，第二年抚育 1～2 次。松土除草的深度应根据幼林生长情况和土壤条件而定。由于胡枝子是一种浅根系树种，所以只宜浅锄。后期可逐渐加深松土的深度。

（2）**灌溉、施肥**　灌溉和施肥的重要性早已引起普遍的重视。但是，和农业相比，林木的灌溉和施肥还没有成为常规的抚育措施。随着林业生产的发展，这方面的工作会越来越走向正规化。

灌溉是人为地改变造林地的土壤水分状况和林地空气湿度，提高造林成活率、促进幼林生长的一项措施。对于土壤较干旱瘠薄的地方栽植胡枝子，管水尤为重要。在同一地块、对胡枝子进行灌溉和不进行灌溉，林木长势大不一样。根据国外的报道，普通树木通过灌溉，能使其材积提高 2～3 倍。但山地胡枝子林需要灌溉时，应注意防止引起土壤侵蚀。灌溉后，最好能进行松土，可以减少土壤水分蒸发，提高灌溉效益。

对胡枝子林地进行施肥，其效果比一般林木要好。因为胡枝子本身就有固氮作用，通过施肥，能提高土壤肥力，改善幼林营养状况，提高生物产量和缩短成材年限，同时还能促进胡枝子的结实量。

胡枝子的幼林阶段，可适当增施氮肥和磷肥。幼林阶段的施肥最好与除莠剂结合使用，这样就能使肥料充分地被幼树吸收。胡枝子的林地并不是在任何情况下施肥都能获得好效果的。一般土壤肥力中等和中下等水平效果显著；土壤特别不好的林地施肥也起不到好的效果，而土壤肥力较好的林地，施肥则是一种浪费。

（3）**平茬、除蘖**　胡枝子的平茬是切去地上部分，促使长出新枝条的一种措施。胡枝子的平茬能促进灌木丛生，使其更快地发挥护土和遮荫的作用。栽植 1～2 年的胡枝子进行平茬，可以使幼林提前郁闭，防止杂草蔓延，既有利于保持水土，防风固沙，又可以获得一定数量的枝条进行编织和做薪炭材使用。在混交林中,为了使主要树种不受压抑,也应随时进行平茬。

由于胡枝子栽植后发生众多的萌条,所以为了获得更好的工艺用材,应该及时除蘖,留取有用的枝条。

(4)林农间作 胡枝子造林初期适于间种一些农作物。它的好处在于:①充分利用太阳的光能。②充分利用地力。③有利于水土保持。④防止杂草竞争,减少病虫危害。⑤促进幼林生长,增加经济效益。

根据一些实践经验证明,在进行胡枝子林的林农间作时,还应注意以下几点:

第一,林农间作,必须强调以林为主,在林农双丰收的原则下进行。

第二,林农间作一般应该在土壤比较湿润、肥沃的立地条件下进行。

第三,选择农作物的种类必须考虑到作物的特性,以免影响幼树的生长。

第四,在间作过程中,必须严密注意保证幼树的整地、中耕和收获时不受机械损伤,所栽植的农作物至少要离幼树根部60厘米以外。

5. 病虫害防治

胡枝子的成林病虫害不常发生,只是叶和花有时受一些危害,但胡枝子的苗木易遭受病虫害的侵袭。

(1)豆象虫

①症状 亦称窃豆象,是为害胡枝子的主要害虫。幼虫寄生在种子内部,蚕食种仁,使种子内部充满粉末。被害的种子失去发芽能力,影响造林。豆象虫1年发生1代,以老熟的

幼虫在种子内部越冬,翌年5月份化蛹。成虫羽化后,取食胡枝子。成虫有假死性,产卵于嫩荚或叶片,幼虫孵化后,蛀入种子内部为害,老熟幼虫在被害种子内过冬。此外,该虫还能在野外残留的种子和仓库内贮藏的种子内越冬。

②防治方法　严格实行检疫制度:种子在入库、调配和其他运输中要执行检疫制度,对于有虫子的种子做到就地处理、挖坑埋掉均可;播种前处理:播种前,对种子进行水浸,水的温度可控制在60℃～80℃,然后逐渐降温,这样就能杀死其中的一部分幼虫。

(2)蝼　蛄

①症状　蝼蛄生活在土壤之中,它的成虫和幼虫咬食苗木的根和茎。苗木的受害部分呈不规则的丝状残缺。此外,它还在地表层开掘平行隧道,破坏苗根,致使苗木干枯死亡。

②防治方法　在严重为害地区,苗圃地应在播种前用50%辛硫磷乳油拌种(药:种子＝31:100);或毒土法,即用50%辛硫磷颗粒剂,每667平方米用毒土2～2.5千克;毒饵诱杀。在圃地上每隔20米左右挖一浅坑,用鲜马粪或嫩草拌湿填平,上置毒饵诱杀;拌种。用辛硫磷(乳剂加水50升)拌种;在圃地或空地上设置黑光灯诱杀成虫。

(3)蛴　螬

①症状　金龟子的幼虫,主要取食幼根和嫩茎,可使苗木枯死。

②防治方法　在播种、插条前,结合整地随犁拣拾幼虫,并调查了解蛴螬数量,每平方米有虫1个以上时,必须进行土壤处理,拌施毒土播于地面后即行翻耕;成虫盛发期,喷撒砷酸铅1:150倍液,或敌百虫1:800～1 000倍液;播种或插条后发现蛴螬严重危害时,可用1%敌百虫液于苗间浇灌(用

药后须用水冲洗苗木）。也可用棒于苗行间或苗木附近插洞后灌药，并立即用土封闭洞口。

(4)地老虎

①症状　地老虎的幼虫常将苗木的茎部咬断，拖入洞口，造成苗木的缺苗断条。

②防治方法　清除苗圃附近的杂草，消灭产卵场所；清晨在被害苗木附近的土中捕捉幼虫；用25％敌百虫粉0.5千克，混合细土2.5～3千克，撒布于苗行间，并立即浅锄，效果很好。

(5)蚜　虫

①症状　蚜虫的幼虫和成虫吸食苗木的嫩芽和叶片的汁液，常群集为害，使芽叶萎缩变色，影响苗木生长。

②防治方法　用40％的乐果乳剂100～150倍液，或用辛硫磷5 000倍药液喷射毒杀，但用此药时要注意安全，严防药物中毒；小面积地块可用草木灰进行防治。具体做法是用盛具盛装草木灰，在蚜虫初发生时，直接向叶面喷射即可。